Cafés :
terroirs et qualités

Cafés :
terroirs et qualités

Christophe Montagnon, éditeur scientifique

Cirad

Le groupe MOCA, Montagnes et communautés agraires, a été créé en 1990 à l'initiative de deux chercheurs de l'université de Toulouse-Le Mirail. Reconnu officiellement comme un groupement de recherche (GDR-CNRS), il se compose actuellement d'une douzaine de chercheurs. Son objectif est d'analyser les composantes socio-économiques et géographiques de la production du café Arabica en tant qu'elles participent au développement des territoires et des sociétés locales et nationales. Dans les années 90, ses travaux ont porté, en particulier, sur l'analyse de la réaction des producteurs à la libéralisation des filières et à la dérégulation du marché du café. Le groupe MOCA publie des études thématiques dans les revues Géodoc et Caravelle et a fait paraître, entre autres, trois ouvrages aux éditions Karthala : *Paysanneries du café des hautes terres tropicales* (1994), *Caféicultures d'Afrique orientale* (1998), *La fleur du café, caféiculteurs de l'Amérique hispanophone* (2000). Il a réalisé plusieurs films sur la caféiculture (Kilimandjaro, Venezuela, Brésil, Costa Rica et Cuba).

Contact : charlery@univ-tlse2.fr, tulet@univ-tlse2.fr

Le CIRAD, Centre de coopération internationale en recherche agronomique pour le développement, est un organisme scientifique français spécialisé en agriculture des régions tropicales et subtropicales. Sa mission est de contribuer au développement de ces régions par des recherches, des réalisations expérimentales, la formation et l'information scientifique et technique. Le CIRAD comprend sept départements de recherche et emploie 1 800 personnes dont 900 cadres intervenants dans une cinquantaine de pays. Le programme Café, du département des cultures pérennes, a pour objectif de contribuer à l'amélioration des revenus des caféiculteurs et à la durabilité économique et écologique des plantations. Il compte 34 agents, à Montpellier et sur tous les continents, répartis dans cinq équipes de recherche multidisciplinaires (génétique, agronomie, agroéconomie, phytopathologie, chimie-technologie, analyse sensorielle, biométrie), qui travaillent en collaboration avec des équipes du Sud. Ces équipes produisent de nombreuses publications dans des revues scientifiques internationales, des ouvrages, mais également des technologies et des variétés de caféier.

Contact : cafe@cirad.fr, Internet : http://cafe.cirad.fr

Les auteurs remercient Nicole Pons, Martine Lemaire et Marion de La Fontaine, du service des éditions du CIRAD, pour leur disponibilité et leur efficacité.

Sommaire

Avant-propos

Ce livre est un livre de rencontres, un livre de discussions autour d'un bon café.

Rencontres entre des femmes et des hommes qui étudient selon des angles différents la culture du caféier : d'un point de vue géographique et socio-économique, d'une part, d'un point de vue agronomique et technologique, d'autre part. C'est ici la rencontre entre le groupe MOCA et le programme Café du CIRAD.

Ensemble, ils observent une autre rencontre – celle des sociétés humaines et de la culture du caféier – et les paysages qu'elle façonne. De la confrontation de ces visions et de ces expériences, différentes et complémentaires, est née l'idée d'un livre qui s'articulerait autour des notions de qualités et de terroirs : symboles de la conjonction entre les hommes et le café, mais aussi leviers d'une organisation modernisée de la filière, garante de la durabilité de la culture grâce à des échanges équilibrés entre producteurs et consommateurs.

La première partie du livre décrit la relation réciproque entre les qualités et les territoires. De cette relation naissent les terroirs. Le pluriel des mots « qualités » et « territoires » reflètent la complexité des notions qu'ils recouvrent. Il n'y a pas une mais plusieurs qualités du café. Les notions de territoires et de terroirs évoluent dans le temps alors que les montagnes où sont produits les cafés Arabica sont des mosaïques de territoires.

Le café, comme le vin, est une boisson conviviale par excellence. La comparaison entre le café et le vin apparaît tentante, surtout lorsque l'on parle de qualités et de terroirs. Prudence… Nous découvrirons dans cette partie les conséquences d'une différence fondamentale entre vin et café : la séparation nette entre les zones de production (zones intertropicales humides) et les zones de consommation du café (essentiellement les pays du Nord). La convivialité autour du vin rassemble producteurs et consommateurs, la convivialité autour du café ne rassemble généralement que les consommateurs.

La deuxième partie du livre observe la place de la qualité et des terroirs dans les politiques de relance caféière des pays producteurs. Ces relances s'inscrivent dans un contexte de crise mondiale du secteur de la production du café, dont les cours sont très bas, et de paupérisation des producteurs. Nous découvrirons ici encore les spécificités de la culture du caféier et leurs conséquences.

De multiples pistes de réflexion se dégagent de cette partie. En voici quelques-unes. Les revenus du café sont traditionnellement et spécifiquement destinés à payer les études des enfants. L'objectif est que ces enfants deviennent fonctionnaires ou encore médecins mais pas caféiculteurs. La reproductibilité de la caféiculture en terme de générations n'est-elle pas dès lors compromise ? Le café est à la fois source de revenus pour le planteur et source de devises pour l'Etat. Peut-il y avoir conflit entre ces deux attentes à l'échelon national ? La notion de terroirs implique l'attachement d'une population à un territoire sur le long terme. Est-ce compatible avec la tradition migratoire de la culture du caféier dans certains pays comme le Brésil ? Ces réflexions doivent précéder l'organisation d'une filière et la mise en place de politiques de relance. Même une réussite comme celle de la Federacion Nacional de Cafeteros de Colombie atteint ses limites en période de crise grave.

La troisième partie décrit, parmi bien d'autres, quelques situations de mise à l'épreuve des qualités et des terroirs. Nous avons retenu quatre aspects qui nous semblent caractéristiques des situations concrètes rencontrées en matière de qualités et de terroirs caféiers.

Première situation, un pays ou une région fait le pari de la qualité sur le marché de l'Arabica, pour lequel la différenciation qualitative existe déjà : c'est le cas du Burundi. Deuxième situation, face à la crise, un pays ou une région réputée pour la qualité de son café ne peut maintenir cette qualité : c'est le cas de certaines régions du Cameroun. Troisième situation, l'amélioration variétale entre dans le jeu de la qualité mais doit trouver un équilibre entre durabilité économique et écologique, d'une part, et nécessité de qualité, d'autre part : cas de l'amélioration de *C. arabica* en Amérique centrale et dans la Caraïbe. Enfin, quatrième situation, tout est à (re)définir et à (ré)inventer en termes de terroirs et de qualités : c'est le cas du marché du Robusta.

Ce livre n'a pas la prétention d'être exhaustif. En particulier, il ne traite pas des organisations paysannes et du mouvement coopératif, ou encore des aspects juridiques de protection des origines. Peu de données permettent aujourd'hui de comparer les coûts et les plus-values liés à la production d'un café de qualité, même si plusieurs chapitres donnent dans ce livre des éléments de réponse intéressants. Enquêtes et bases de données sur la rémunération de la qualité pour le producteur, en tenant compte des attributs sociaux (café équitable) et environnementaux (cafés « bio », organiques...) de la qualité du café, seront un enjeu majeur des années à venir.

Rassemblant des expertises variées, ce livre se veut une référence et une base de réflexion sur l'appréhension des qualités et des terroirs caféiers dans leurs dimensions humaines et agronomiques.

Christophe Montagnon

Qualités et territoires : une relation réciproque

Les qualités d'un café

Jean-Jacques Perriot, Fabienne Ribeyre,
Christophe Montagnon

Selon le dictionnaire Larousse, « la qualité d'un produit, c'est une manière d'être, bonne ou mauvaise, de quelque chose, un état caractéristique ». Cela peut aussi être « une supériorité, une excellence en quelque chose ou une aptitude ». La notion de qualité apparaît donc comme extrêmement large et floue. En terme économique, la qualité est conçue comme un ensemble d'attributs ou de caractéristiques portant sur le produit au sens large (odeur, couleur, emballage, lieu de vente…), mais aussi sur le processus de production (par exemple : éthique, équitable, respectueux de l'environnement). Dans ce chapitre, nous envisageons la qualité sous un angle organoleptique, technologique et chimique. La qualité est examinée d'un point de vue économique dans le chapitre suivant.

Dans le monde du café, que revêt ce terme de qualité, y a-t-il une qualité ou des qualités ? Pour répondre à cette question, nous examinons le point de vue de cinq interlocuteurs de la filière du café : le producteur, l'exportateur, l'importateur, le torréfacteur et le consommateur. Ensuite, nous discuterons de l'influence de l'origine sur la qualité.

Les critères de qualité du café

Le producteur

Le premier interlocuteur en amont de la filière est le producteur. Le producteur est principalement intéressé par la rentabilité de son exploitation, souvent estimée par la productivité de sa plantation. Le producteur est demandeur de variétés hautement productives et résistantes aux maladies et aux ravageurs et d'itinéraires techniques rentables.

Le producteur effectue souvent lui-même le traitement de postrécolte des cerises de café. Selon son environnement (climat, disponibilité en eau), sa technicité et son niveau d'investissement, il choisit un traitement par voie sèche ou par voie humide.

La voie sèche est simple à mettre en œuvre : il suffit d'étaler les cerises sur une aire cimentée ou sur des claies, de les remuer et de les protéger de l'humidité jusqu'à complète siccité. Les cerises sèches sont ensuite décortiquées.

La voie humide demande plus de travail, de matériel et de technicité. Les cerises sont placées dans des cuves sous eau pour éliminer les bouts de bois, les feuilles et les cerises flottantes. Seules les cerises qui ne flottent pas doivent être dépulpées. Les grains dépulpés sont mis à fermenter à sec ou sous eau pendant 16 à 48 heures selon les conditions climatiques. Après fermentation, le café doit être lavé abondamment pour éliminer toute trace de mucilage. Après séchage, le café sera déparché. Le coût de production de la voie humide est donc plus élevé que celui de la voie sèche, mais permet d'obtenir un café dont la qualité apportera éventuellement une plus-value sur le marché.

Les critères de qualité du café pour le producteur sont donc, dans bien des cas, essentiellement économiques. Il n'aborde souvent la notion de qualité que par l'intermédiaire du prix d'achat de son produit. A quelques exceptions près, le producteur n'est pas consommateur de café ; en particulier, il ne consomme pas sa propre production. C'est une caractéristique cruciale du marché du café, opposé en cela au marché du vin.

L'exportateur

La collecte du produit est souvent assurée par un réseau de commerçants intermédiaires. Des mélanges peuvent être opérés tout au long de cette chaîne d'intermédiation et compliquer la traçabilité du produit, jusqu'à ce que celui-ci atteigne l'exportateur.

Avant toute chose, l'exportateur doit satisfaire des commandes et donc assurer son approvisionnement : son objectif majeur est d'avoir suffisamment de produit à exporter. Du point de vue des caractéristiques du café, l'exportateur contrôle systématiquement la teneur en eau du produit, qui ne doit pas dépasser 12,5 % selon les nouveaux accords de l'OIC (Organisation internationale du café) entrés en vigueur le 1er octobre 2002. Une teneur plus élevée peut entraîner une altération des caractéristiques du café pendant le stockage et des risques sanitaires. Avant toute négociation sur le prix, l'exportateur détermine également deux paramètres importants : la couleur et l'odeur du café. Il déduit de la couleur quel traitement a subi le café (voie sèche ou voie humide) ainsi que les conditions de séchage et de stockage. Le café doit être exempt d'odeurs étrangères comme le moisi. Parfois, l'exportateur pratique une expertise ou un examen visuel rapide pour déterminer le nombre de défauts. Il sera particulièrement vigilant pour les grains noirs (goûts poussiéreux et terreux), les fèves cireuses (goûts surfermentés, alcooliques), les brisures (goûts de brûlé) et les fèves en parches (goûts terreux ou brûlés). Souvent l'exportateur trie et calibre le café vert. Pour certaines origines considérées comme ayant des caractéristiques spécifiques, il goûte également les lots pour évaluer leur qualité organoleptique et pour orienter son choix vers des acheteurs intéressés par une saveur spécifique.

Les critères de qualité d'un café pour l'exportateur sont un approvisionnement régulier en quantité et qualité, la conformité aux normes physiques du café et, bien sûr, des prix d'achat et de vente avantageux. L'exportateur n'est intéressé par la qualité organoleptique du café que si cela lui permet de négocier une surcote.

L'importateur

L'importateur, comme l'exportateur, doit satisfaire des commandes et donc attache une grande importance à la constance de l'approvisionnement. L'importateur contrôle également la teneur en eau. L'origine est un attribut de qualité important pour l'importateur car l'expérience permet d'associer à chaque origine un certain nombre de caractéristiques qualitatives constantes. Pour certaines origines, l'importateur est prêt à payer plus cher les gros grains (grades 16 et plus) qui sont réputés procurer une liqueur de qualité supérieure à la moyenne. En revanche, les petits grains (pour une même origine) peuvent être le signe d'une récolte de fruits immatures et donc l'indicateur d'une tasse défectueuse (flaveur verte, astringence).

L'importateur effectue souvent des tests organoleptiques sur les échantillons reçus. Au final, il recherche une stabilité des caractéristiques sur un volume important en fonction évidemment du prix. Celui-ci est d'ailleurs souvent plus le fait d'une réputation acquise que des caractéristiques intrinsèques du produit.

Les critères de qualité d'un café pour l'importateur sont proches de ceux de l'exportateur : régularité d'approvisionnement et conformité physique. Un peu plus en aval que l'exportateur, l'importateur tient compte de l'origine à l'échelle internationale et observe les différences de prix entre pays producteurs. Enfin, l'importateur, plus proche du consommateur, contrôle plus systématiquement la qualité à la tasse.

Le torréfacteur

Le torréfacteur veut un café aux caractéristiques organoleptiques stables et conforme aux attentes des clients pour un prix donné. Dès réception, les lots sont analysés pour vérifier la teneur en eau, la granulométrie et le nombre de défauts. Chaque lot est ensuite goûté pour savoir s'il correspond à la typicité recherchée pour chaque origine.

Les industriels utilisent parfois des cafés de pure origine, mais le plus souvent ils travaillent avec des mélanges, afin d'assurer un goût constant. Cela leur permet de substituer une origine à une autre en cas de problème de qualité dans un pays ou de hausse des prix pour une origine. Les recettes comptent souvent de six à sept cafés différents. Le mode (fluidisation ou convection), la température et la durée de torréfaction influencent également le produit final. Certains paramètres économiques sont très importants en fonction de la forme sous laquelle le café est vendu. Ainsi, le potentiel d'extractibilité est un critère primordial pour la fabrication du café soluble.

Les critères de qualité d'un café pour le torréfacteur sont l'origine et les caractéristiques physiques et organoleptiques qui lui sont associées. Certaines qualités technologiques sont primordiales comme le potentiel extractible pour le café soluble. Le torréfacteur joue sur les mélanges pour s'affranchir autant que possible des problèmes d'approvisionnement. La qualité à la tasse est primordiale mais le prix aussi.

Le consommateur

Le consommateur est l'acteur le plus en aval de la filière. Ses critères de choix sont le prix et la marque, mais ce choix est fortement influencé par le marketing et la publicité. Les indicateurs de qualité véhiculés par la publicité sont : l'espèce (Arabica ou Robusta), l'origine et le type de torréfaction et, de plus en plus, les conditions sociales et environnementales de production (biologique, équitable...). Le consommateur n'est pour l'instant pas réellement alerté par d'éventuels problèmes de sûreté alimentaire pour le café.

Lorsqu'il a choisi un café, le consommateur est attaché à la stabilité du goût de ce café sans être toujours conscient de son propre rôle pour maintenir cette stabilité. En effet, les caractéristiques organoleptiques de son café sont fortement influencées par la méthode de préparation : type de machine, caractéristiques physico-chimiques et température de l'eau, temps et pression d'extraction...

Les goûts des consommateurs varient d'un pays à l'autre et d'une région à l'autre et l'on ne peut pas, par exemple, définir un goût européen. Les Italiens préfèrent un café plus corsé et amer que les Allemands ou les Suédois. Les Français apprécient traditionnellement un café corsé et amer avec une légère acidité. Cette préférence est liée à l'histoire et à l'importation de café Robusta, amer et corsé, des anciennes colonies françaises. Les cafés fruités commencent à être prisés bien que le consommateur ne puisse généralement pas décrire les flaveurs perçues. Les cafés présentant des goûts étrangers (surfermentés notamment) sont souvent mal appréciés.

Mais des habitudes se créent et ces goûts peuvent devenir une caractéristique du café comme la flaveur riotée (goût de bouchon) recherchée dans le nord de la France. Le sud de la France préfère des cafés généralement plus corsés que le nord. Certaines marques modulent d'ailleurs leur recette en fonction des régions de France.

Les critères de qualité d'un café pour le consommateur sont difficiles à cerner car souvent dictés par le marketing. De plus, les critères de qualité varient en fonction des pays et des régions. La tendance générale est à la prise en compte grandissante des aspects sociaux et environnementaux.

La qualité : une vision contrastée

Les critères de qualité pris en compte par les différents acteurs de la filière du café révèlent bien plusieurs approches de la qualité. Il est risqué de synthétiser ces différentes approches (tableau 1) car les nuances sont importantes. Nous n'insistons pas ici sur les modalités d'appréciation des attributs de la qualité, qui sont décrites dans le chapitre suivant.

Tableau 1. Importance relative des différents critères de qualité pour les acteurs de la filière du café.

Critère de qualité	Producteur	Exportateur	Importateur	Torréfacteur	Consommateur
Critère économique	+++	+++	+++	+++	+++
Quantité		+++	+++	++	
Caractéristiques physiques		+++	+++	++	
Caractéristiques organoleptiques		+	++	+++	+++
Caractéristiques technologiques				++	
Origine			++	+++	++
Critère social et environnemental	++			+	++

L'aspect économique, le prix, est un aspect commun à tous les maillons de la chaîne. La quantité, en terme de constance de l'approvisionnement, concerne les intermédiaires entre producteurs et consommateurs, de même que les caractéristiques physiques. Le consommateur perçoit l'aspect physique dans le cas, de plus en plus marginal, de vente du café en grains. Les caractéristiques organoleptiques, y compris leur régularité, prennent une importance croissante en se rapprochant du consommateur. Seul le torréfacteur est concerné par les caractéristiques technologiques liées à la transformation du café sous forme moulue et surtout soluble.

L'origine est considérée, à tort ou à raison comme nous en discuterons plus loin, comme un indicateur indirect de la qualité du produit ; elle est utilisée comme tel par les importateurs, torréfacteurs et consommateurs. Enfin, les aspects sociaux et environnementaux prennent une importance croissante pour les premiers concernés que sont les producteurs, mais aussi pour les consommateurs : les torréfacteurs souhaitent se forger une image positive à cet égard.

Trois lignes du tableau 1 retiennent l'attention. Les caractéristiques physiques et organoleptiques intéressent à des degrés divers l'ensemble de la filière sauf le producteur, tout simplement parce qu'il n'est pas rétribué ou qu'il est peu rétribué pour ces caractéristiques par les acheteurs-exportateurs. Il y a, bien sûr, des exceptions mais, en règle générale, le producteur n'a pas intérêt économiquement à se soucier de la qualité physique et surtout organoleptique de son produit. Les caractéristiques technologiques de transformation n'intéressent que le torréfacteur. Ces caractéristiques sont parfois confidentielles, y compris le protocole d'évaluation, et les torréfacteurs font le choix de ne pas confier l'évaluation de ces critères à d'autres intervenants.

Les trois acteurs intermédiaires – importateurs, exportateurs et torréfacteurs – ont des appréciations assez proches de la qualité et des concentrations verticales s'observent d'ailleurs fréquemment. Le consommateur n'a pas la même appréciation, mais tous les efforts des acteurs intermédiaires sont tournés vers la satisfaction finale du client-consommateur. Seul le producteur semble déconnecté de la chaîne de la qualité par manque d'information ou de rémunération. Qui perd le plus dans cette situation ? Le producteur, qui pourrait obtenir une plus-value supplémentaire en tenant compte de la qualité souhaitée par le marché ? Ou les intermédiaires, qui doivent trouver la qualité recherchée là où elle se trouve plutôt que de l'obtenir en fournissant un cahier des charges précis au producteur ? Ici encore, la réponse n'est pas universelle. Il semble que dans le cas général le producteur est perdant et que les intermédiaires fournissent un cahier des charges précis au producteur, avec rémunération adéquate, uniquement lorsqu'ils ne peuvent pas faire autrement.

L'origine : un attribut de qualité organoleptique pertinent ?

La montée en puissance des cafés d'origine pourrait bénéficier aux producteurs en ajoutant une plus-value locale à la matière première. Mais que savons-nous du lien entre origine et qualité du café ? L'origine est-elle un indicateur de goût du produit fini ?

Origine et qualité : le point des connaissances

La qualité organoleptique du café dépend de la structure du grain et de l'équilibre des composants chimiques qui constituent le café vert. La torréfaction utilise ces composants chimiques pour développer ceux du café torréfié. Les facteurs qui interviennent sur la structure et la composition chimique du café vert, et donc sur les caractéristiques organoleptiques de la boisson, sont nombreux et sont éminemment locaux (sol, climat, altitude) ou liés à des traditions locales (variétés, itinéraire technique, ombrage, méthode de récolte, postrécolte…).

L'effet de la variété sur la qualité du café est bien connu, même si peu d'études scientifiques l'ont abordé précisément (Montagnon *et al.*, 1994 ; Moschetto *et al.*, 1996). L'effet des itinéraires techniques, des maladies et des insectes a été passé en revue par Decazy (1994).

Plusieurs auteurs ont mis en évidence une relation entre l'ombrage ou l'altitude, d'une part, et la qualité du café boisson, d'autre part (Avelino *et al.*, 2001 ; Guyot *et al.*, 1996 ; Muschler, 2001). L'ombrage et l'altitude croissante ont un effet similaire sur la qualité du café : gros grains et boisson acidulée et aromatique (Guyot *et al.*, 1996). L'altitude et l'ombrage diminueraient la vitesse de maturation du grain et influenceraient la physiologie de la plante (Guissant, 2002).

La qualité de la récolte est essentielle pour la qualité organoleptique du café. Une cueillette avant maturité du grain entraîne un déficit en sucres et un surplus d'acides chlorogéniques : la boisson est alors moins aromatique avec une flaveur de vert (herbe coupée), de l'astringence et de l'âpreté. Récolter des grains légèrement surmatures peut donner des goûts fruités mais une surmaturation importante entraîne une perte d'arômes, liée à la dégradation des sucres, et l'apparition d'arômes surfermentaires. La précocité de récolte est influencée par des facteurs locaux comme les traditions, les contraintes socio-économiques (vols, date de rentrée scolaire…) et les risques climatiques, qui poussent les producteurs à récolter plus tôt.

Le traitement postrécolte joue un rôle certain dans la qualité aromatique finale du café. Il permet de mettre en valeur ou d'altérer le potentiel du café cueilli. Les cafés lavés (voie humide) sont toujours plus doux (moins amers et plus acides) que les cafés natures. Un travail de thèse est actuellement en cours au CIRAD pour tester deux hypothèses pour expliquer cette différence entre voie humide et voie sèche : élimination des composés liés à l'amertume ou influence de la fermentation sur l'acidité. La qualité de l'eau qui sert au lavage et au transport du café semble également avoir une influence sur le résultat du traitement de postrécolte. Une eau de mauvaise qualité (pH bas, richesse en matière organique) ou chargée en certains minéraux (teneur en Fe^{+++} supérieure à 5 milligrammes par litre) peut provoquer le développement de goûts étrangers (Barel et Jacquet, 1994).

La durée et la qualité du séchage puis de la conservation dépendent du climat. Si les grains reprennent de l'humidité pendant le stockage ou le transport, ils vont blanchir et perdre une partie de leurs caractéristiques organoleptiques.

Des facteurs locaux influencent donc la qualité du café mais la torréfaction est généralement réalisée dans les pays consommateurs. Selon le type de torréfaction (température, durée), les caractéristiques du café ne vont pas s'exprimer de la même manière. Si elle est claire, la boisson sera acide et peu aromatique. Une torréfaction moyenne (française) donnera un café nettement plus corsé, avec une amertume et une acidité équilibrées. Une torréfaction foncée (espagnole) donnera un café nettement amer avec parfois des goûts de brûlé. Enfin, l'emballage étanche permet de conserver ces caractéristiques jusqu'au consommateur.

Marque, type, origine : quel indicateur de goût ?

L'origine est de plus en plus utilisée en France, notamment auprès du consommateur, par les grandes marques commerciales. Le pays (Brésil, Colombie, Kenya) est le plus employé, mais aussi la région (Antigua, Popayan, Bahia) ou parfois directement la plantation (cas aux Etats-Unis, notamment des *estates coffees*). Afin de déterminer si les différences affichées sur les paquets correspondent à des différences organoleptiques réelles pour le consommateur, nous avons étudié les caractéristiques organoleptiques de 20 produits achetés dans la grande distribution française. Nous avons classé les produits en six types – Colombie, bio, doux, expresso, dégustation et décaféiné – et trois marques de distributeur – MD1, MD2, MD3 – plus une marque nationale différente (MN) pour chaque type.

Les cafés sont préparés en infusion et dégustés par onze juges entraînés. On effectue une ACP (analyse en composantes principales) sur les critères sensoriels suivants : acidité, amertume, corps, vert, âpre, aigre et qualité aromatique (figure 1). Les deux premiers axes représentent 65 % de la variabilité. Le premier axe oppose la qualité aromatique, le corps et l'amertume à l'aigre et au vert. Le second axe oppose l'acidité à l'âpreté. Sur cette représentation, les cafés se regroupent plus en fonction des marques qu'en fonction de l'origine (Colombie) ou autres types. Seuls les cafés décaféinés se regroupent assez bien. En revanche, les échantillons des marques nationales ne se ressemblent pas. Quel que soit le type, y compris Colombie, les cafés des marques de distributeur sont acides et

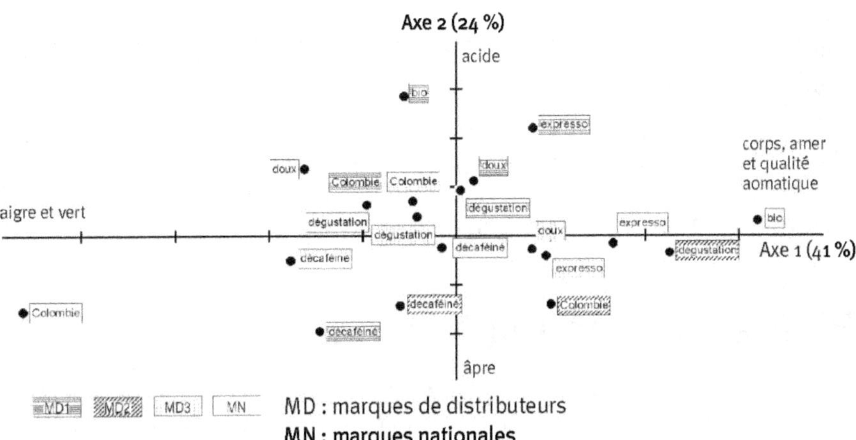

Figure 1. Analyse en composantes principales sur les critères sensoriels de six types de café.

peu corsés (MD1), peu acides et âpres (MD2) et intermédiaires (MD3). On remarque l'éparpillement des cafés étiquetés comme cafés de Colombie.

Dans cette étude, la marque de distributeur est un indicateur de typicité gustative plus pertinent que tout autre attribut, y compris l'origine, qui était ici la Colombie. Le client qui aurait voulu retrouver une typicité Colombie aurait été déçu. Cela peut s'expliquer, soit par une hétérogénéité de la qualité en Colombie, soit par une prépondérance de l'influence de la torréfaction.

Conclusion

Les qualités du café sont multiples et considérées différemment selon les acteurs de la filière. Les qualités des cafés varient en fonction de l'origine du café vert. Ces différences sont observées entre différents pays, mais aussi à l'échelon régional dans un même pays. Le potentiel qualitatif du café vert dépend donc de son terroir. Les systèmes actuels ne permettent pas toujours une bonne traçabilité de l'origine du café ni un achat différencié en fonction de la qualité fournie par le planteur.

Mettre en place une valorisation du café fondée sur l'origine suppose que l'ensemble de la filière y trouve un intérêt depuis le producteur, sur un plan économique, jusqu'au consommateur, du point de vue organoleptique. Pour cela, il faut pouvoir mettre en relation les attributs de qualité importants pour chaque acteur, comme les caractéristiques organoleptiques, et le prix au producteur, mais aussi le volume produit, l'homogénéité des attributs et leur stabilité. Cela suppose donc qu'il y ait de meilleures relations entre les acteurs de la filière.

Enfin, des études scientifiques supplémentaires sont nécessaires pour étudier l'influence relative de l'origine et du mode de torréfaction sur la qualité du café. En effet, de cette influence relative dépendra la répartition des plus-values entre producteurs (origine) et torréfacteurs (torréfaction).

Références bibliographiques

Avelino J., Perriot J.J., Pineda C., Guyot B., Cilas C., 2001. Vers une identification de cafés-terroir au Honduras : caractérisation physique, phytotechnique et biologique des caféières honduriennes. *In :* XIXe colloque scientifique international sur le café, Trieste, Italie, 14-18/05/2001. Paris, France, ASIC.

Barel M., Jacquet M., 1994. La qualité du café : ses causes, sa détermination. Plantations, recherche, développement, 1 (1) : 5-13.

Decazy B., 1994. Effet des pratiques culturales et de la lutte phytosanitaire sur le milieu et sur le produit : précautions à prendre. *In :* Journée « Cafés et qualité », 17/10/1994. Montpellier, France, CIRAD, ASIC, p. 23-30.

Guissant F., 2002. Analyse et modélisation de données longitudinales de croissance et de fructification du caféier. Mémoire de DESS, université Montpellier II, France, 68 p.

Guyot B., Gueule D., Manez J.C., Perriot J.J., Giron J., Vilain L., 1996. Influence de l'altitude et de l'ombrage sur la qualité des cafés Arabica. Plantations, recherche, développement, 3 (4) : 272-283.

Montagnon C., Leroy T., Eskes A.B., 1994. La qualité des Arabica et des Robusta : variétés, terroirs et préparation. *In :* Journée « Cafés et qualité », 17/10/1994. Montpellier, France, CIRAD, ASIC, p. 13-22.

Moschetto D., Montagnon C., Guyot B., Perriot J.J., Leroy T., Eskes A.B., 1996. Studies on the effect of genotype on cup quality of *Coffea canephora*. Tropical Science, 36 : 18-31.

Muschler R.G., 2001. Shade improves coffee quality in a sub-optimal coffee-zone of Costa Rica. Agroforestery Systems, 51 (2) : 131-139.

Qualités du café et territoires : une perspective historique

Benoît Daviron

En cette période de chute des cours internationaux du café, l'idée d'une meilleure valorisation de la production paysanne par la promotion d'appellations d'origine est souvent évoquée. Selon certains, le marché du café pourrait connaître une évolution similaire à celle qu'a connue le marché du vin : aboutir à une reconnaissance et une valorisation de terroirs caféiers paysans sur le marché de consommation final.

Quel rôle, quelle place pourraient occuper les cafés d'appellations d'origine sur le marché ? Quelles sont les contraintes et les opportunités auxquelles peut se trouver confrontée une telle stratégie ? Telles sont donc les questions que nous nous proposons d'aborder.

Nous ne discuterons pas ici des problèmes d'action collective que pose la construction de toute appellation d'origine ni de la capacité des acteurs des différentes régions de production caféière à agir dans ce sens. Nous nous intéresserons principalement au côté de la demande. Au contraire du vin, la culture du caféier et la fabrication du produit (café torréfié ou soluble) destiné au consommateur ne s'effectuent ni sur le même lieu ni au sein de la même entreprise[1]. Entre le paysan producteur de café et le consommateur « s'interposent » le négociant et le torréfacteur. L'ambition de faire reconnaître au consommateur des terroirs caféiers pose évidemment la question de la compatibilité – voire de la complémentarité – d'une telle stratégie avec celle des torréfacteurs.

---

1. Il faut toutefois constater qu'il existe, par exemple en Californie, des caves qui achètent du raisin, et parfois fort loin, pour produire leur vin.

Pour tenter d'évaluer cette compatibilité nous replacerons la question des appellations d'origine dans le cadre plus général de la gestion de la qualité sur le marché du café. Ce chapitre est organisé en trois parties. La première rappelle brièvement la façon dont la question de la qualité est posée par les économistes et l'analyse qui est faite dans ce cadre du signe de qualité « appellation d'origine ». La deuxième partie rend compte de l'histoire des dispositifs de qualification du café et de la place qu'y a occupée la référence territoriale. Enfin, la troisième partie essaie de tirer les enseignements pour aujourd'hui.

Qualité et territoire : éléments d'analyse économique

La qualité et ses attributs

La qualité d'un produit est définie par les économistes comme l'ensemble des caractéristiques ou attributs du produit que cherche à acquérir un acheteur à l'occasion d'une transaction marchande. Le mot « qualité » ne renvoie pas ici à une référence absolue par rapport à laquelle les produits pourraient être jugés bons ou mauvais. La qualité est toujours un problème : il n'est jamais simple pour un acheteur d'acquérir l'ensemble des attributs qu'il souhaite « consommer ». La plupart des transactions marchandes sont caractérisées par une situation d'asymétrie d'information entre le vendeur et l'acheteur : le vendeur sait beaucoup plus de choses que l'acheteur sur la valeur des attributs du bien. Le marché des voitures d'occasion est souvent utilisé par les économistes (Akerlof, 1970) comme exemple d'une situation radicale d'asymétrie d'information. Le propriétaire de la voiture possède en effet une connaissance sur l'état de la voiture incomparablement meilleure que celle que peut essayer d'acquérir l'acheteur potentiel. Lui seul sait la fréquence à laquelle les vidanges ont été réalisées. Lui seul connaît l'âge exact des amortisseurs… De même, lors de la vente d'un lot de café vert à un commerçant, seul le producteur connaît la nature des pesticides utilisés pour la culture, le stade de maturité des grains à la récolte ou encore la durée de fermentation pratiquée. A l'inverse, le producteur n'est pas toujours conscient de la valeur de son café.

Trois catégories de problèmes peuvent être distinguées :
– l'acquisition d'information sur la valeur d'un attribut recherché a le plus souvent un coût. Toute opération de mesure suppose la mobilisation de ressources (équipement technique, compétence) ;
– un certain nombre d'attributs ne sont mesurables qu'après une première

transformation, ou même la consommation (destruction) du bien – la teneur en sucre d'un fruit, le comportement à l'usinage du caoutchouc naturel, l'arôme d'un café, etc. Un changement d'état du produit est nécessaire pour acquérir la connaissance relative à tous ces attributs ;
– certains attributs ne sont tout simplement pas mesurables (évaluables) par le consommateur-transformateur confronté seul au produit. L'impossibilité d'apprécier la valeur des attributs du bien tient à l'absence d'effet immédiat sur l'individu. L'effet peut être éloigné dans le temps, comme pour un certain nombre d'attributs sanitaires, ou éloigné dans l'espace. Entrent dans ces dernières catégories tous les attributs qui concernent, non pas les caractéristiques intrinsèques du produit, mais le processus de production. Les produits biologiques et les produits équitables sont les meilleures illustrations, pour la période actuelle, de ce cas de figure.

Les économistes distinguent dès lors trois types d'attributs (Nelson, 1970 ; Darby et Karni, 1974) en fonction des modalités d'acquisition d'information (quand et comment) par l'acheteur :
– les attributs dits « de recherche » sont les attributs dont la valeur peut être mesurée ou évaluée avant l'achat par le consommateur-utilisateur ;
– les attributs dits « d'expérience » sont les attributs que l'on ne mesure qu'au cours de la transformation ou de la consommation, ou après celles-ci ;
– les attributs dits « de confiance » ou « de croyance », dont la valeur ne sera jamais mesurable directement par le consommateur-utilisateur ou pour lesquels la mesure de la valeur demeurera toujours entourée d'une grande incertitude.

Le souhait de tout acheteur est de n'être confronté qu'à des attributs de recherche. Personne n'aime découvrir à l'usage que le bien acheté ne possédait pas les attributs souhaités. Les acheteurs – et les vendeurs – vont donc s'efforcer de convertir le maximum d'attributs d'expérience en attributs de recherche. Deux méthodes sont disponibles. La première méthode consiste à faire subir à un échantillon la transformation prévue pour l'ensemble du lot. La cerise prélevée sur l'étalage pour être goûtée par le consommateur avant l'achat est l'illustration la plus simple de cette méthode. Le test à la tasse avant la vente aux enchères pour les cafés d'Afrique de l'Est en est une autre. De même, dans le cadre de procédures de certification qui leur sont propres, les pneumaticiens testent longuement le caoutchouc naturel avant de décider de s'approvisionner auprès d'un fournisseur donné. La seconde méthode consiste à trouver des proxis, des indicateurs hautement corrélés aux attributs recherchés et faciles à mesurer. De fait, la plupart des attributs de recherche mobilisés par un acheteur, et mesurés sur le lot ou sur l'échantillon, sont des proxis d'attributs d'expérience. La couleur de la peau d'un fruit sera prise en compte comme indicateur de sa saveur, le micronaire d'un coton comme indicateur de la résistance du fil à venir, le PRI d'un caoutchouc comme indicateur de son comportement à l'usinage, ou encore la couleur de l'intérieur de la fève de cacao comme indicateur du degré de fermentation et donc d'arôme du chocolat. Le plus souvent les deux méthodes sont combinées : un échantillon est prélevé pour effectuer des opérations de transformation qui permettront de mesurer à moindre coût des indicateurs hautement corrélés avec les attributs recherchés.

Les attributs de confiance nécessitent un tout autre traitement. Leur évaluation ne repose à aucun moment sur une mesure réalisée par le consommateur-utilisateur. Elle repose sur une mesure (contrôle) effectuée par un « autre ». Le terme de confiance utilisé pour désigner cet attribut renvoie à l'attitude que doit adopter le consommateur-utilisateur vis-à-vis de cet autre. Ne pouvant pas mesurer directement la valeur de l'attribut, il doit faire confiance à un autre pour le faire. Cet autre peut être le producteur lui-même, à qui le consommateur fait confiance quand il lui garantit que son produit possède un certain nombre d'attributs. La réputation du nom du producteur (sa marque) est ici en jeu. Cet autre peut être l'Etat dont les services vétérinaires apposent un tampon pour garantir la qualité sanitaire de la viande. Cet autre peut enfin être une organisation privée, distincte du producteur, qui contrôle les attributs du bien et certifie qu'il est conforme aux attentes du consommateur.

Le rôle de la réputation territoriale ou de l'appellation d'origine

Il est attendu, pour les produits agricoles issus d'un même territoire, que soit réduite la variabilité d'un certain nombre d'attributs, et ce, en raison de la relative homogénéité des conditions agroécologiques (sol et climat), des pratiques culturales, des intrants utilisés et des variétés cultivées. La connaissance de l'origine géographique d'un produit doit donc permettre de prévoir la valeur d'un certain nombre d'attributs – que ceux-ci soient de recherche, d'expérience ou de confiance – et ainsi d'éviter de les mesurer.

L'appellation d'origine, ou l'identité territoriale, d'un bien est elle-même un attribut de confiance. Le consommateur ne peut guère s'assurer par lui-même de l'origine territoriale du bien. Il devra donner sa confiance au vendeur ou à un signe d'origine apposé sur le bien.

L'appartenance à un territoire ne suffit pas. Pour les acteurs impliqués dans la fabrication du bien, la possibilité de comportements opportunistes reste entière. Par comportement opportuniste, on entend ici l'usage de conditions de production différentes des conditions « spécifiques » de la région, afin de réduire les coûts, tout en profitant de la réputation des produits de la région et donc de leurs prix supérieurs. Les acteurs impliqués dans la fabrication du bien peuvent tricher de multiples façons avec les conditions de production : importation de produit en provenance de régions de moindre réputation, usage de variétés « non traditionnelles », mise en œuvre de pratiques culturales différentes (irrigation, récolte à la machine, absence de fermentation...) et bien d'autres encore.

La réputation d'une origine peut donc être considérée comme un bien commun pour l'ensemble des acteurs impliqués dans la fabrication du bien. Chacun, à condition qu'il exerce son activité dans le territoire concerné, bénéficie librement de cette réputation (accès libre) mais l'usage qu'en fait chacun est susceptible de se faire au détriment des autres. Les analyses développées à propos de la gestion durable des ressources naturelles peuvent tout à fait s'appliquer pour réfléchir aux conditions d'une « gestion durable » d'une réputation territoriale : définition précise de la région et du groupe d'acteurs concernés, dispositif de surveillance et de contrôle, mécanisme de sanctions progressives en cas d'infraction, etc.[2]

Une perspective historique

Quelle place a effectivement occupée l'appellation d'origine, ou la référence à une identité territoriale, dans la gestion de la qualité sur le marché international du café ?

Pour répondre à cette question nous allons nous intéresser plus largement à la façon dont la qualification des produits tropicaux a évolué historiquement, en soulignant, d'une part, la place de la référence à l'identité territoriale, d'autre part, les spécificités du café. Nous appellerons ici qualification des produits ou gestion de la qualité l'ensemble des procédures permettant à un acheteur d'acquérir de l'information sur la valeur des attributs qu'il souhaite acquérir. Pour rendre compte de cette histoire depuis les débuts de la révolution industrielle, le plus simple est de distinguer grossièrement deux périodes : avant et après 1914.

Avant 1914

Avant 1914, l'identité des produits est d'abord définie par une origine géographique. Il faut toutefois immédiatement souligner que le critère retenu (autrement dit le territoire de référence utilisé) pour définir l'origine géographique est extrêmement variable, y compris pour un même produit. Dans un ouvrage publié en 1897, E. Raoul constate : « Le commerce n'a

---

2. Voir les travaux d'Elinor Ostrom (1990) et en particulier les dix règles nécessaires à une gestion collective durable d'une ressource naturelle *(common pool resource)*.

pas de règles fixes pour la désignation des cafés : tantôt il choisit pour les qualifier le nom du port d'exportation (C. Santos), tantôt un nom de district (C. Préanger), tantôt celui de la nationalité politique (C. Mexique, C. Costa Rica) ; quelquefois il ajoute au nom de provenance celui du port de transit (C. Moka d'Alexandrie), ou bien encore un nom de convention (C. Zanzibar) » (Raoul, 1897).

L'identité des produits est ensuite définie par le nom de la plantation d'où provient le produit. Ce nom est clairement marqué sur les sacs dans lesquels est emballé le produit. Car avant 1914, la grande plantation demeure de loin la forme dominante d'organisation de la production. Chaque plantation possède un nom et une réputation, qui sont autant d'informations sur les caractéristiques du produit vendu.

Enfin, la qualification du produit s'opère pour finir par un contact direct avec l'utilisateur et ce, avant toute transaction. Sur les marchés internationaux de produits tropicaux avant 1914, le produit demeure la propriété de la plantation jusqu'à sa vente dans le pays consommateur. Le stockage, le transport et la vente du produit sont organisés par des commerçants commissionnaires – ou consignataires – qui ne sont à aucun moment propriétaire du produit. La vente se fait aux enchères. Les produits vendus sont exposés durant les jours précédant la vente dans les magasins des marchands commissionnaires. A cette occasion, les acheteurs potentiels peuvent avoir un contact physique avec le produit et mobiliser tous leurs sens (vue, toucher, odorat, goût) pour évaluer la valeur des attributs qu'ils recherchent.

On peut dire qu'avant 1914, la référence à la provenance géographique des produits est utilisée par les opérateurs du marché, mais elle joue un rôle faible dans la gestion de la qualité. En fait, aucun opérateur ne s'engagerait dans une transaction sur la base de la seule indication de son origine géographique ! En revanche, et paradoxalement, les consommateurs attachent une certaine importance à l'origine géographique des cafés qu'ils achètent. Le café passe au cours de la seconde moitié du XIXe siècle d'un statut de produit de luxe à un statut de produit de masse et un certain nombre d'appellations historiques – comme Haïti – sont recherchées par le consommateur. La fraude est toutefois largement pratiquée par les commerçants et les torréfacteurs.

Après 1914

Trois phénomènes bouleversent la question de la qualité après 1914 : la standardisation des produits, le développement de la production paysanne, qui se substitue à la production des grandes plantations, et la nationalisation des filières d'exportation.

Le mot « standardisation » désigne la mise en place de dispositifs de classification du café à partir d'un certain nombre d'attributs reconnus comme pertinents par les utilisateurs. Au contraire de la période précédente, où chaque acheteur utilisait ses propres critères pour « qualifier » les cafés, la standardisation suppose un accord entre différents acteurs sur les attributs à prendre en compte, la façon de les mesurer et, enfin, sur les limites entre différents grades ou classes. Les marchands sont à l'origine de ce processus. La standardisation facilite grandement leur opération. En donnant une identité précise au produit, elle permet d'engager des transactions à distance dans l'espace et dans le temps. Elle est aussi indispensable à la mise en place de marchés à terme, sur lesquels s'échangent des contrats écrits correspondant à un grade précis. Le marché à terme de New York est créé en 1882, avant de devenir en 1885 le New York Coffee and Sugar Exchange. La standardisation accompagne un changement du métier de commerçant. Désormais, celui-ci ne se contente plus d'un rôle de commissionnaire : il devient acquéreur du produit dans le pays producteur et en conserve la propriété jusqu'à sa vente dans le pays consommateur. Cette transformation n'aurait pas été possible sans le marché à terme, qui seul permet aux commerçants de se protéger contre les chutes de prix susceptibles d'intervenir entre l'achat et la vente du produit.

Le deuxième phénomène concerne le développement de la production paysanne. Sur tous les marchés de produits tropicaux, la grande plantation est remplacée, à partir du début du XXᵉ siècle, par l'exploitation familiale. Sur le marché du café, la croissance, entre 1905 et 1940, de la Colombie au détriment du Brésil en est une claire illustration. Derrière la compétition entre deux pays se dissimule la compétition entre deux modes d'organisation de la production : grande plantation contre paysans. Les seconds gagnent alors clairement la partie. Cette victoire est confirmée après 1945 par l'expansion de la caféiculture en Afrique où, à l'exception du Kenya et de l'Angola, l'exploitation familiale est la règle. Production paysanne et standardisation sont étroitement imbriquées. La commercialisation de la production paysanne suppose l'existence de commerçants capables de se porter acquéreur du produit. Elle suppose aussi que soit donnée une identité au produit qui ne peut plus être le nom de la plantation. L'appartenance à un grade se substitue à la réputation de la plantation.

Le troisième phénomène concerne le développement de l'intervention publique dans le domaine du contrôle de la qualité. Dans bien des pays producteurs, l'opération de classification est progressivement prise en charge par une institution publique – le plus souvent l'office de commercialisation du café. Ce développement du contrôle public s'accompagne de la création de standards nationaux. Il faut noter que les critères de classification utilisés par les différents standards demeurent extrêmement sommaires. La propreté et l'absence de dégradation du produit (moisissure ou mitage) sont les principales variables considérées. Les différents grades sont définis en fonction de la teneur en impuretés de tout ordre (matières étrangères ou produit dégradé). Ces critères simples autorisent des méthodes simples de qualification des produits. L'inspection visuelle l'emporte largement, même si parfois elle doit être précédée d'un coup de cutter (*cut test* pour le cacao) ou d'un étirement du produit entre les deux pouces (*pulling* pour le coton). La qualification des produits repose donc d'abord sur le savoir-faire de la personne qui pratique l'examen visuel, mais elle ne requiert aucun équipement. Ces standards sont caractérisés, d'une part, par l'absence ou le rôle mineur des critères de processabilité, d'autre part, par l'absence de critère permettant de faire ressortir le caractère original, spécifique d'un produit. Finalement, ces standards reflètent la relative faiblesse des exigences qualitatives des industries utilisatrices et surtout l'absence de demande de variété.

La Colombie est l'un des premiers pays producteurs de café qui connaît cette évolution. Une loi, promulguée en 1931, donne à la Fedecafé (Federación de Cafeteros de Colombia) le mandat de classifier les différentes qualités de café et un décret présidentiel impose en 1932 que tout sac de café exporté de Colombie soit marqué d'un « Café de Colombia » avec trois bandes verticales : une verte au centre et deux rouges sur les côtés. Ce mouvement de « nationalisation de la qualité » s'étend dans les années qui suivent à tous les pays producteurs.

A l'issue de ces trois processus, la qualité d'un café vert, comme pour tous les produits tropicaux, est d'abord définie par sa nationalité et son grade au sein du standard du pays concerné. Telle est la situation qui prévaut après la Seconde Guerre mondiale.

Des nuances méritent toutefois d'être apportées en fonction des types de café. Le Robusta répond parfaitement à ce schéma général. Il possède les attributs d'une matière première anonyme définie par un nombre limité d'attributs et permettant la réalisation de transactions à distance sans un contact préalable avec le produit. Mais, même au plus grandes heures de la consommation de masse, c'est-à-dire dans les années 60 et 70, une partie de la demande de café, et en particulier la demande d'Arabica, demeure une demande d'arôme. Or les arômes se laissent bien peu objectiver. La création de standards nationaux dans les pays producteurs ne permet pas de fournir une information correcte sur l'arôme des cafés. Ainsi, la production d'Arabica d'Afrique de l'Est (Kenya, Tanzanie) continue d'être vendue dans le cadre de marchés aux enchères et seulement après un contact physique (test à la tasse) préalable avec les acheteurs potentiels. Le système de commercialisation des Arabica d'Afrique de l'Est peut être considéré comme une sorte de survivance du XIXe siècle.

Pour le consommateur aussi, la notion d'origine nationale joue un rôle non négligeable. Résultat des campagnes de promotion auprès des consommateurs, en particulier dans les bars et restaurants, lancées des les années 30 par la Colombie, le consommateur de café « sait » que la qualité des cafés, c'est-à-dire dans ce cas principalement l'arôme, est différente selon leur origine nationale. De ce point de vue, le café se distingue fortement d'un produit comme le chocolat pour lequel la notion d'origine territoriale de la matière première (la fève de cacao) était, jusqu'à une date récente, totalement inconnue.

Contraintes et opportunités de la période actuelle

L'évolution actuelle du marché

Sur les marchés de produits tropicaux, la période actuelle est caractérisée par l'érosion des dispositifs de qualification que constituaient les standards nationaux. Ces dispositifs sont d'abord mis en cause par la disparition, dans les pays producteurs de produits tropicaux, des offices étatiques, qui conduit à l'affaiblissement de la pertinence du critère d'origine nationale. Ces dispositifs sont aussi bouleversés par le renouvellement de la demande de qualité de la part des industries utilisatrices (Daviron, 2002 ; Reardon *et al.*, 2001). Ce renouvellement de la demande de qualité est elle-même la conséquence de quatre évolutions :
– la mise en place, par les industriels, de stratégies de différenciation des produits de consommation finale ;
– de multiples innovations techniques dans le processus de fabrication, qui implique, du point de vue de la matière première, des contraintes de processabilité accrue (accélération des vitesses de travail, automatisation, process continus) ;
– des changements dans les méthodes de gestion (fonctionnement à flux tendu ou zéro stock), qui limitent la possibilité de stabiliser les caractéristiques de la matière première par le mélange ;
– des préoccupations sanitaires et sociales croissantes.

Toutes ces évolutions conduisent les industriels à formuler deux demandes : plus de diversité dans l'offre de matières premières et plus de variables prises en compte dans la définition de l'identité (la qualité) des produits, et en particulier les conditions de production.

C'est dans ce contexte que doivent être analysées les contraintes et les opportunités qui s'exercent sur le développement de café détenteur d'une appellation d'origine.

L'offre de café torréfié auprès du consommateur a été caractérisée par une explosion de la variété des produits offerts. Sur le marché des Etats-Unis, s'est ainsi développé un « café gourmet », qui a permis d'arrêter la chute de la consommation. Le segment des cafés gourmet s'appuie sur la multiplication des *coffee bar,* qui offrent, sous forme de boisson, une large gamme de cafés. En Europe, les rayons des supermarchés ont vu se multiplier le nombre de références.

Le café est ainsi vendu aujourd'hui avec pour définir son identité : le nom d'une marque (Illy) ou associé à une marque (Carte Noire) ; la référence à un territoire qui peut être national (Cuba, Colombie, Brésil) ou local (Bahia)[3] ; la référence à des conditions de production et de commercialisation (sous ombrage, biologique, équitable)[4].

Le café est l'un des produits pour lesquels se manifestent fortement les nouvelles préoccupations des consommateurs. Symbole des relations Nord-Sud, le café a porté le mouvement Max Havelard, qui cherche à promouvoir certaines normes sociales, tant pour la production que pour la commercialisation des produits agricoles. Les préoccupations sanitaires sont présentent de longue date pour le café avec la question de l'incidence de la caféine sur la santé. Elles sont susceptibles de trouver une nouvelle dimension avec le problème des ochratoxines

Quelles implications sur les appellations d'origine ?

Les appellations d'origine, lorsqu'elles sont reconnues par le consommateur, imposent une contrainte majeure au torréfacteur : elles limitent la possibilité de substituer une provenance par une autre. Cette situation a deux inconvénients :
– elle lie le torréfacteur à une source d'approvisionnement donnée, ce qui donne à celle-ci la possibilité d'exiger un prix plus élevé pour la matière première ;
– elle implique une variabilité de l'arôme du produit fini, qui peut déplaire au consommateur. Comme le savent tous les amateurs de vin, les produits de pure origine présentent une variabilité marquée de leur arôme. Cette variabilité fait partie de l'identité du vin. Il n'est pas acquis qu'elle soit acceptée par le buveur de café[5].

---

3. Il faut aussi souligner que des noms géographiques sont parfois utilisés sans que le café ait un lien direct avec l'endroit mentionné.
4. En France, la couleur du paquet est aussi très utilisée pour donner une information sur les caractéristiques du café. Elle permet d'indiquer si le café est un pur Arabica, un mélange Robusta-Arabica ou un décaféiné.
5. Notons toutefois que sur le marché du cacao, Valrhona a créé des chocolats de plantation millésimés.

Jusqu'à présent, les torréfacteurs ont utilisé la référence territoriale d'une façon qui leur laissait une grande latitude d'action, soit en faisant référence à des pays suffisamment grands, soit en faisant référence à des terroirs fictifs. En revanche, ils se sont très bien passés du signe de qualité « appellation d'origine » pour mener à bien leur politique de différenciation des produits auprès des consommateurs, et cette stratégie a été extrêmement payante. Les transformations dans l'offre de café torréfié auprès du consommateur se sont accompagnées d'une hausse marquée des prix de détail. En moyenne les prix étaient au cours des cinq dernières années supérieurs de 50 % aux prix du début des années 80 (figure 1). Du fait de la baisse des cours du café vert, la marge brute cumulée des torréfacteurs et des distributeurs (prix au détail du café torréfié moins le prix à l'importation du café vert[6]) s'est littéralement envolée : elle a plus que doublé entre le début des années 80 et 2001 (figure 2).

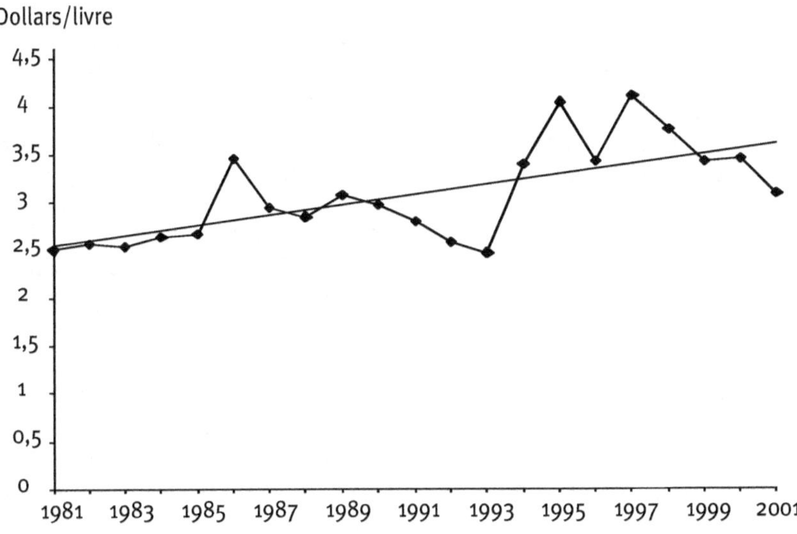

Figure 1. Prix au détail du café torréfié aux Etats-Unis (d'après Bureau of Labor statistics, United States Department of Labor).

6. Le prix du café vert a été multiplié par un coefficient pour prendre en compte la perte de masse subie par le café au cours de la torréfaction.

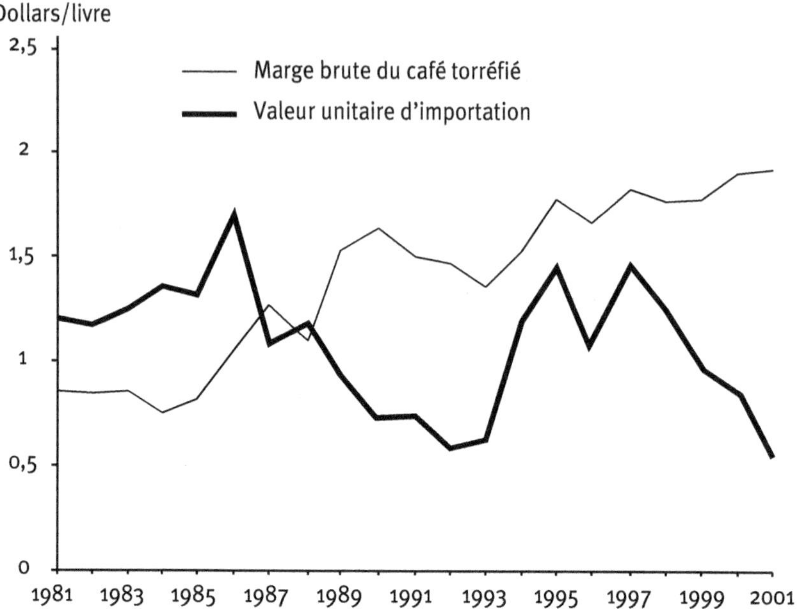

Figure 2. Marge brute, par livre de café vert, du café torréfié aux Etats-Unis (d'après Bureau of Labor statistics, United States Department of Labor, et FAO).

Le plus important pour notre sujet est que cette politique de différencia-tion menée auprès du consommateur s'est effectuée sur la base d'un achat de café vert toujours traité comme un produit indifférencié ou guère plus différencié qu'il ne l'était il y a dix ou vingt ans. Pour démontrer ce fait, nous avons calculé, à partir des statistiques du commerce extérieur des Etats-Unis, la valeur unitaire à l'importation des différentes origines natio-nales en 1992 et 2001, c'est-à-dire à l'occasion de deux crises du marché (tableau 1). L'objectif de ce calcul est de faire apparaître les éventuelles différences de prix par origine, qui seraient le reflet de la différenciation des produits à la consommation et des stratégies dites « de qualité » menées dans les pays producteurs. Les prix payés sont ici donnés au niveau de la moyenne nationale. Une étude comprenant des données régionales devra compléter cette analyse.

Avec les données disponibles, deux constats émergent :
– la différence de prix est évidemment très marquée entre Robusta et Arabica. Il y a là un facteur de différenciation sur le marché du café vert, qui s'exerce depuis maintenant vingt ans et qui s'est encore renforcé entre 1994 et 1991. Il existe toutefois, au sein des Robusta, des différences de prix extrêmement fortes entre origines avec une décote particulièrement marquée pour le Vietnam ;

Tableau 1. Valeur unitaire d'importation aux Etats-Unis pour différentes origines et prix indicatifs OIC en 1992 et 2001, en cents de dollar par livre (d'après United States International Trade Commission).

	1992	2001
Colombie	63	70
Guatemala	61	64
Mexique	61	58
Costa Rica	64	82
Salvador	53	54
Honduras	59	52
Nicaragua	63	58
Papouasie-Nouvelle-Guinée	61	65
Prix indicatif OIC pour les autres Arabica doux	64	62
Vietnam	–	19
Indonésie	46	52
Thaïlande	34	23
Ouganda	38	39
Guinée	63	58
Côte d'Ivoire	34	27
Prix indicatif OIC pour les Robusta	44	27
Brésil	54	43
Ethiopie	–	104
Prix indicatif OIC pour les Arabica non lavés	56	46
Toutes origines confondues	54	53

– la différenciation est peu marquée au sein des Arabica lavés et ne s'est guère accrue sur la période considérée. Le Costa Rica est le seul pays qui semble vraiment tirer son épingle du jeu, avec une valeur unitaire à l'importation supérieure d'environ 30 % au prix indicatif de l'OIC (Organisation internationale du café) pour les « autres Arabica doux ». A l'inverse le Guatemala, qui serait pourtant le premier fournisseur de café « durable » des Etats-Unis (Giovanucci, 2001), bénéficie d'un prix guère plus élevé que le prix indicatif OIC.

Le marché du café serait ainsi caractérisé par une divergence notable entre l'évolution des prix de la matière première et l'évolution du prix du produit fini. Le produit fini est de plus en plus différencié pour gagner une plus-value, qui ne semble pas profiter pleinement aux producteurs de la matière première. Trois types d'interprétations peuvent être proposés.

La différenciation du produit fini pour le consommateur reposerait d'abord – voire exclusivement – sur des actions de marketing sans lien avec la matière première : emballage, campagne publicitaire... Les produits offerts au consommateur sont différents mais leurs caractéristiques intrinsèques (arôme, condition de production...) seraient demeurées les mêmes.

La différenciation s'appuierait sur une sélection ex-post au sein d'une offre de café spontanément diversifiée. Ainsi, par exemple, la production mondiale présente depuis longtemps des cafés biologiques ou cultivés sous ombrage. Ces cafés étaient précédemment exportés mélangés à d'autres types de café, ils sont désormais achetés et exportés séparément. Cette sélection des cafés « différents » a été grandement facilitée par la libéralisation, qui supprime l'uniformisation à l'échelle nationale, autrefois exercée par les offices étatiques. Dans ce cas de figure, les producteurs vendraient des cafés avec des attributs spécifiques, comme la culture sous ombrage, dont ils ignorent la valeur.

La différenciation s'appuierait sur la fabrication de produits dont la spécificité, aromatique cette fois, reposerait d'abord sur le mélange, l'association de cafés d'origines variées qui, pris isolément, n'auraient guère de valeur. Comme nous l'avons déjà souligné, l'une des compétences essentielles du torréfacteur est sa capacité à réaliser des mélanges d'origines pour produire un produit fini à la fois original et peu variable d'un paquet à l'autre. En amont du mélange, il existe une autre compétence importante : celle de savoir caractériser l'arôme d'un café de telle manière que sa contribution à l'arôme du produit fini puisse être prédite. Le prix croissant à la consommation ne serait finalement, dans ce cas, que la juste rémunération de ce savoir-faire.

Conclusion

Après la Première Guerre mondiale, l'origine nationale s'est imposée comme l'unique référence géographique utilisée pour définir l'identité du café. Cette référence à l'origine nationale a cependant principalement concerné les transactions portant sur le café vert, tandis que le café torréfié était vendu aux consommateurs sous la seule appellation d'une marque ou d'un nom accrocheur, sans référence géographique explicite (à la notable exception de la Colombie).

Plus récemment, les politiques de différenciation des cafés torréfiés mises en œuvre par les torréfacteurs se sont appuyées sur un usage accru de l'origine géographique – nationale ou locale – comme indicateur de l'identité du produit. Mais les torréfacteurs ont utilisé la référence territoriale d'une façon qui leur laissait une grande latitude d'action, soit en faisant référence à des espaces très vastes, soit en faisant référence à des terroirs fictifs. Par ailleurs, la hausse tendancielle des prix à la consommation, fruit de ces politiques de différenciation, n'a guère été répercutée sur le prix du café vert, ni en terme de prix moyen ni en terme de différentiel de prix entre origines.

Faut-il en conclure que toute stratégie des producteurs pour faire reconnaître des appellations d'origine est condamnée à l'échec car incompatible avec la politique de différenciation des torréfacteurs ? Sans doute oui si la référence par rapport à laquelle est pensée une stratégie d'appellation d'origine reste le vin. Non si cette stratégie est pensée de manière différente.

Les appellations d'origine naissent de la rencontre entre la volonté d'un groupe de producteurs appartenant au même terroir de vendre leur produit à un meilleur prix, en présentant ce produit comme différent des autres, et l'attente d'un acheteur, qui espère trouver ainsi un produit avec des caractéristiques relativement prévisibles du fait de l'homogénéité et de la stabilité des conditions agroécologiques et des techniques de production mises en œuvre. Très schématiquement, pour l'acheteur, le problème peut se résumer à une comparaison – un arbitrage – entre les coûts des contrôles à réaliser pour s'assurer d'un approvisionnement conforme à ses attentes et le surprix à payer pour l'achat d'un produit d'appellation.

Sur le marché du café l'enjeu de la reconnaissance d'une appellation d'origine ne concerne pas que le café torréfié vendu au consommateur. Une stratégie d'appellation d'origine peut viser le marché du café vert. Sur ce marché, la mise en place d'appellations d'origine – et des dispositifs d'action collective que cela suppose – pourrait permettre d'obtenir de meilleurs prix en réduisant les coûts de contrôle pour les acheteurs. Ce raisonnement repose sur l'hypothèse que les coûts de contrôle de certains attributs sont plus faibles lorsque les contrôles sont mis en œuvre par les dispositifs d'action collectifs locaux (organisations de producteurs, interprofession…).

Une telle hypothèse est certainement vraie pour tous les attributs relatifs aux conditions de production. Ces attributs occupent une place croissante. Ainsi, les produits biologiques et les produits équitables posent directement la question du contrôle des conditions de production. Mais la connaissance – et donc le contrôle – des conditions de production peut aussi être une façon de connaître de manière indirecte, mais peu onéreuse, la valeur de certains attributs intrinsèques dont la mesure directe est très coûteuse. La teneur en ochratoxine est évidemment l'exemple brûlant du moment.

Ainsi, l'objectif d'une stratégie de création d'appellations contrôlées pour les terroirs de petits producteurs ne serait donc pas d'offrir au consommateur des cafés dotés d'un arôme spécifique (modèle du vin), mais de garantir aux opérateurs – et en particulier aux torréfacteurs – une matière première dont les conditions de production seraient connues et maîtrisées.

Références bibliographiques

Akerlof G., 1970. The market for lemons: quality uncertainty and the market mechanism. Quaterly Journal of Economics, 89 : 489-500.

Darby M., Karni E., 1974. Free competition and the optimal amount of fraud. The Journal of Law and Economics, 16 : 67-88.

Daviron B., 2002. Small farm production and the standardization of tropical products. Journal of Agrarian Change, 2 (2) : 162-184.

Giovanucci D., 2001. Sustainable coffee survey of the North American speciality coffee industry. Washington, Etats-Unis, SCAA et CEC, 32 p.

Nelson P., 1970. Information and consumer behavior. The Journal of Political Economy, 78 (2) : 311-329.

Ostrom E., 1990. Governing the commons: the evolution of institutions for collective action. Cambridge, Royaume-Uni, Cambridge University Press.

Raoul E., 1897. Culture du caféier. Paris, France, Challamel, 251 p.

Reardon T., Cordon J.M., Busch L., Birgen J., Harris C., 2001. Global change in agrifood grades and standards: agribusiness strategic responses in developing countries. International Food and Agribusiness Management Review, 2 (3/4) : 421-435.

Café et montagne : qualité du produit et qualification du territoire

François Bart

Le café présente la particularité rare, et stimulante pour un géographe, d'être à la fois marchandise et lieu, produit et territoire, consommé et fréquenté. A cet égard, dans l'un et l'autre sens, le café est qualifié : comme boisson il est tour à tour noir ou mélangé, corsé ou léger, aromatique ou banal ; il s'avale mais aussi se goûte et se déguste. En tant qu'espace de convivialité microlocale, il peut être chic ou populaire, de village ou de quartier, voire café-théâtre ou café-concert. Le mot, l'un des plus internationaux, est aussi symbole de l'universalité d'un breuvage, qui se décline à l'échelle du monde. Mais le café, ou plus exactement le caféier, c'est avant tout une culture arborée qui marque l'espace, le paysage, les sociétés, les économies de nombreuses régions du domaine intertropical, en Afrique, continent d'origine, mais plus encore en Amérique, en Asie et en Océanie. Dans la grande diversité de la production contemporaine, le produit est de plus en plus marqué de référents géographiques, qui ne se contentent pas de dire le lieu de production mais qui, de plus en plus, véhiculent des connotations diverses. Celui du Brésil, le premier producteur mondial, évoque le Gringo goûteur, la saga pionnière pauliste et les gelées destructrices. Celui d'Ethiopie fait revisiter Harar et, quand il est Moka, du nom de l'antique port yéménite de la mer Rouge, il est sublimé, porteur de rêve, de qualité. Ivoirien, il renvoie volontiers à l'époque révolue du « miracle » et du président-planteur. Colombien, il peut constituer le rempart vertueux contre les cultures illicites, etc.

Dans ce rapport produit-territoire, il sera question ici, dans le sillage de la dualité bien connue Arabica-Robusta, de la place spécifique de la montagne comme territoire de production caféière. D'une part, la montagne recèle par excellence des aptitudes, des terroirs, des savoir-faire, qui contribuent, plus qu'en plaine, à une production de qualité. Inversement la qualité du produit, par la renommée qu'elle peut susciter, par la construction de paysages et d'images qu'elle peut forger, peut être source d'une qualification de la montagne. Enfin le nom, ou plutôt le cru, est parfois lui-même le symbole de la qualité.

Le café de montagne, produit de qualité

La surcote du café Arabica

Le caféier Arabica, par ses exigences écologiques, est le caféier des hautes terres, qui, en fonction des conditions climatiques locales, se développe bien dans une tranche altitudinale de 600 à 2 000 mètres. Plus haut, il se heurte aux risques de gel et à une température insuffisante pour la maturation des cerises. Plus bas, il souffre de températures trop élevées, qui conviennent beaucoup mieux au Robusta. Ainsi, à l'instar du théier, le caféier Arabica est l'une des grandes cultures d'exportation des montagnes tropicales. De plus, à l'échelle de la production mondiale, sa part est prépondérante, bien qu'en lent déclin : elle était estimée à 72 % en 1991-1992 et à 69,5 % en 1995-1996 (van Dijk *et al.*, 1998).

Dans le marché mondial contemporain, le café Arabica est mieux coté que les Robusta, cantonnés, à quelques exceptions près, dans les terres basses. L'évolution des prix moyens à l'exportation des quatre types de café commercialisés sur le marché mondial depuis 1985 est à cet égard riche d'enseignements. Deux d'entre eux sont largement dominés, comme leur nom l'indique, par chacun des deux premiers producteurs mondiaux, les Arabica doux de Colombie et les Arabica du Brésil. Ces deux pays ont donc de réels moyens de peser sur leurs prix au marché de New York. Les deux autres, autres Arabica doux et Robusta, sont au contraire fournis par un grand nombre de pays ; leur prix est donc plus significatif des tendances du marché international. En tout état de cause, le différentiel de prix, très faible jusqu'en 1980, s'est nettement accru depuis. Si l'on se limite ainsi à la comparaison entre Robusta et autres Arabica doux, le prix moyen de ces derniers est supérieur à celui des Robusta de 35 % en 1985-1986, de 74 % en 1993-1994, de 28 % en 1995-1996, de 132 % en 1996-1997... (van Dijk *et al.*, 1998). Les écarts en valeur absolue, très variables en raison des fortes fluctuations des prix, étaient respectivement de 51, 37, 27, 30 et 100 cents de dollar par livre. La forte augmentation, depuis 1993, de la production de café Robusta du Vietnam et de l'Indonésie (les deux plus importants pour cette variété), suivie, de 1998-1999 à 1999-2000, par une baisse de 5,5 % de la production mondiale d'Arabica, a indirectement contribué à la surcote du café de montagne. Les données de décembre 2002 font état, dans un contexte de cours erratiques et d'amélioration de la qualité des Arabica du Brésil, d'un prix de référence de l'OIC (Organisation internationale du café) de 65 cents de dollar la livre d'Arabica doux de Colombie, contre 38 pour le Robusta... Les bons cafés de montagne valent donc ainsi actuellement deux fois plus que les Robusta. La montagne tropicale, au cœur d'espaces de production particulièrement importants (Ethiopie, Kenya, Colombie, Amérique centrale...) est ainsi *de facto* porteuse de qualité pour l'un des plus importants produits agricoles commercialisés à l'échelle mondiale. En matière de production caféière, la qualité est sur la montagne.

La qualité des terroirs caféiers de montagne

L'alchimie inhérente aux milieux montagnards tropicaux aptes à une production caféicole de qualité repose sur des paramètres pédologiques et climatiques.

Le caféier Arabica est fondamentalement humicole : s'il est assez accommodant sur le pH, à l'exception des sols trop acides, il est exigeant en azote. Il craint l'eau stagnante et s'adapte donc à des sols légers en surface si du moins sa racine pivotante peut bénéficier, en profondeur, d'un sous-sol plus lourd, capable de retenir une humidité relativement constante. Ces conditions sont souvent atteintes dans des sols plus ou moins anciens dérivés de roches volcaniques, si fréquentes dans les montagnes tropicales. Cependant la qualité des Arabica semble plus dépendante des conditions climatiques.

On estime généralement qu'une pluviométrie annuelle de 1 500 à 1 800 millimètres répartie sur huit mois constitue une sorte d'idéal pour le caféier. Le répit saisonnier des pluies permet d'éviter des floraisons trop fréquentes nuisibles au rendement et assure une bonne maturation des cerises ; une saison sèche trop longue est porteuse de stress. Point essentiel, l'Arabica, qui craint autant le gel que le Robusta, est en revanche moins thermophile et tend même à pâtir des températures supérieures à 30 °C, alors que le Robusta, lui, souffre dès que les températures descendent vers 10 °C. La combinaison de ces paramètres, et surtout le dernier, contribue ainsi à esquisser les contours d'un étage du caféier Arabica, qui s'inscrit à un niveau d'altitude moyenne dépendant aussi de la latitude et du degré hygrométrique : dans les Etats brésiliens de São Paulo et Paraná, il se déploie vers 600-800 mètres ; au Costa Rica entre 800 et 1 500 mètres, en Afrique orientale entre 1 000 et 2 000 mètres. Dans tous les cas, les régions trop sèches ou un peu trop basses imposent l'irrigation (Harar en Ethiopie) ou un ombrage plus dense, sauf pour les nouvelles variétés. Le caféier est en effet non seulement hygrophile, mais aussi sciaphile, sauf aux altitudes les plus élevées. Cela a sûrement facilité son insertion dans les nombreux systèmes paysans, souvent agroforestiers, des montagnes tropicales, où, à l'instar du pays chagga, sur les pentes du Kilimandjaro, il a pu s'abriter à l'ombre des bananiers, en bénéficiant des nombreux apports organiques et de la main-d'œuvre disponible, au point de surmonter le problème de la pénurie foncière dans ces montagnes très fortement peuplées.

La qualité des savoir-faire des paysanneries de montagne

Deux faits essentiels contribuent dans cet ordre d'idées à tisser des liens forts entre montagne et caféiculture de qualité.

Un certain nombre de montagnes tropicales, en particulier dans la tranche altitudinale 1 000-2 000 mètres, ont servi d'ancrage à des « noyaux ethno-démographiques » (Gallais, 1982) bien structurés, souvent caractérisés par de fortes densités de population liées à des sociétés paysannes mettant à profit les nombreuses facettes écologiques de la montagne pour pratiquer polyculture et élevage. La disponibilité de main-d'œuvre abondante, la qualité de savoir-faire ancestraux très impliqués dans une connaissance intime des aptitudes et des contraintes des milieux, une quête de l'intensif pour en extraire des ressources capables de subvenir aux besoins d'effectifs nombreux tout en manifestant beaucoup d'attention aux fragilités inhérentes au fait montagnard, tout cela a favorisé l'accumulation d'usages, la mise en mémoire de pratiques qui ont permis l'élaboration de paysages construits avec beaucoup de soins.

La montagne a ainsi nourri de fortes identités de paysanneries de montagne auprès desquelles la culture du caféier a trouvé un terreau particulièrement favorable, car « si l'on veut que les rendements soient conséquents, cette culture exige un travail morcelé et polyvalent et des soins permanents tout au long du cycle de production. [... L'entretien] nécessite une attention constante et régulière plus qu'un gros effort concentré dans le temps, et requiert une certaine présence du producteur sur son territoire » (Tulet *et al.*, 1994). La caféiculture est foncièrement une activité artisanale, peu concernée par les économies d'échelle, mettant en œuvre un outillage simple, mais exigeant un suivi, un contact étroit.

Caféiculture de qualité et savoir-faire paysan peuvent ainsi converger, d'autant que le savoir caféier s'acquiert aisément quand le contexte social s'y prête. L'ancrage du caféier contribue à une stabilité foncière, à un marquage sociospatial, pour peu que quelques arpents de terre puissent lui être dévolus. En outre l'insertion dans des espaces densément peuplés peut se concrétiser dans des logiques agroforestières, où le caféier devient l'un des éléments d'une stratification verticale du champ.

C'est peut-être autour de la notion éminemment géographique de mosaïque que peut prendre corps le lien intrinsèque entre montagne et caféiculture de qualité. La montagne est par essence une mosaïque de milieux, de terroirs, inscrite dans l'étagement, les systèmes de pentes, les catenas de sols... Les paysanneries des montagnes tropicales densément peuplées ont élaboré des mosaïques foncières et agricoles issues à la fois des stratégies d'utilisation différenciée des milieux et des pratiques visant à minimiser les risques. La caféiculture, par sa flexibilité, sa dimension artisanale, ses exigences écologiques, a trouvé auprès d'un étage moyen des montagnes tropicales, celui qui souvent abrite les plus fortes densités, des conditions physiques et humaines souvent favorables à son développement et à sa qualité.

On touche alors à un jeu subtil où le fait montagnard, dans sa globalité, concourt à la qualité, mais où en retour le développement d'une production caféière empreinte de notoriété contribue à la qualification de territoires de montagne.

Café et qualification
des territoires de montagne

L'origine, à la fois historique et légendaire, du café plonge ses racines dans les montagnes d'Abyssinie et dans celles de l'Arabie heureuse, arrière-pays de ce port de Moka, par lequel transitaient de nombreuses matières précieuses telles que l'encens, la myrrhe, l'or, l'ivoire... Dès lors, le café se trouve associé à ce rêve d'Orient nourri du mystère des hautes terres verdoyantes et généreuses, contrastant avec les rivages désertiques. Le café se trouve d'ailleurs en bonne place dans le fameux texte de Jean de La Roque, publié en 1716, intitulé *Voyage de l'Arabie heureuse*, avec *Un mémoire concernant l'arbre et le fruit du café*, qui relate les deux premiers voyages commandités par des négociants français à Moka entre 1708 et 1713. Ce récit connut un grand succès et participa à la vogue de l'orientalisme en France (Chabouis, 1988). La plus connue des légendes du café, celle du berger Kaldi dans *Les Mille et une nuits*, a pour théâtre ces montagnes fascinantes. Dès lors le lien entre café Arabica et montagne ne ressort plus seulement de considérations écologiques et agronomiques, mais participe d'une mythogenèse montagnarde, celle de la montagne édénique.

L'histoire du café est ainsi jalonnée des marques de l'identité et de l'imaginaire de la montagne. Moka, sans doute le premier port caféier, et montagne, deviennent ainsi des qualificatifs quelque peu prédestinés à dire la qualité du produit ; celle-ci peut conférer de la notoriété au territoire montagnard. Le Moka de Harar a même le privilège d'évoquer à la fois le port d'origine et l'une des plus vieilles et des plus hautes régions caféières, en même temps qu'un cru d'excellente qualité. Le symbole contemporain de cette symbiose entre qualité et montagne se trouve peut-être en Jamaïque.

Blue Mountain, le sommet de la qualité ?

« Tous ceux qui ont entendu parler du Blue Mountain savent qu'il s'agit du café le plus cher du monde, mais on ne sait pas toujours pourquoi » (Thorn, 1996).

Dans l'est de l'île, cette chaîne de montagne, culminant vers 2 200 mètres, abrite quelques terroirs très favorables, plantés d'Arabica venus de Martinique au XVIIIe siècle. Mais la qualité procède aussi du soin extrême dans tous les traitements de postrécolte. Quant au prix, c'est sans doute non seulement celui de la qualité, mais aussi celui d'une habile politique commerciale tournée vers le Japon, et peut-être celui de la rareté...

En outre se pose la question du nom même de ces montagnes, auréolées de l'extraordinaire prestige du café correspondant. La couleur bleue n'est pas anodine : elle est aussi celle du ciel, symbole de pureté et, à ce titre, prédominante dans les publicités sur la montagne (Bozonnet, 1992). Léonard de Vinci lui-même a écrit dans ses *Carnets* : « A grande distance, les couleurs ombreuses des montagnes se teintent d'un bleu plus beau et plus pur que les parties en lumière » (cité par Davy, 1996). Et l'index de l'*Atlas universalis* (1970) recense 16 Blue Mountain dans le monde... La montagne est bleue parce qu'elle est pure ; c'est une appellation de qualité, qui a rendu fameuses ces montagnes, c'est devenu un label, parfois détourné par d'autres cafés.

Café et qualité paysagère de la montagne

La culture du caféier a été ainsi, dans les montagnes de l'ancien et du nouveau monde tropical, l'un des éléments majeurs de la construction paysagère contemporaine. A l'aune des phases de colonisation et de décolonisation, au fil des épisodes de forte croissance démographique, au gré de l'irruption de la route et de l'automobile, la caféiculture a participé à une requalification des terres d'altitude.

A une échelle globale, c'est de l'émergence de véritables étages du café qu'il s'agit d'abord, terres tièdes, terres souvent densément peuplées. Dans les Andes vénézuéliennes, les « gens du café », de l'étage moyen, rencontrent les « gens du blé » de l'étage supérieur et les « gens de la vallée », en consommant du café (de Robert 1993). La culture a même donné son nom, *coffee-banana belt,* au cœur du pays chagga sur les flancs du mont Kilimandjaro (Devenne, 1998). Elle a littéralement construit les versants andins de l'Antioquia en Colombie, le haut bassin de la Meseta centrale au Costa Rica. Elle a bouleversé les paysages de certaines pentes des Ghâtes occidentales (Coorg) en Inde et s'est immiscée dans des terroirs d'altitude de Papouasie-Nouvelle-Guinée. Elle a très récemment conquis, par l'un des fronts pionniers majeurs d'aujourd'hui, une partie des plateaux vietnamiens (Pilleboue et Weissberg, 1997 ; Fortunel, 2000). Dans tous les cas, on assiste à une véritable reconstruction paysagère, du paysage rural certes, mais aussi d'autres composantes, telles que routes et bourgs. Mutations sociales, économiques, techniques vont de pair.

Les modalités d'insertion du caféier sont diverses. Parfois il ne se donne guère à voir, intégré dans un système cultural multiétagé, à l'ombre et donnant de l'ombre. Le vert sombre sous le vert tendre (café sous bananiers) du pays chagga est le symbole d'une agroforesterie que le caféier a bouleversée sans modifier radicalement le paysage et les structures agraires. Dans les systèmes gérés par des petites paysanneries, il a diversifié les paysages de polyculture, accentuant les effets de mosaïque : petites parcelles familiales en culture pure et sans ombrage du Rwanda (Bart, 1993, 1994 ; Uwizeyimana, 1996) et du Burundi (Bidou, 1994), processus de complantation (caféier-maïs, caféier-bananier...), semis plus ou moins régulier d'arbres d'ombrage, d'entretien de la fertilité, de production fruitière, comme les palmiers *pejibaye* et les érythrines *poro* de la région de Tucurrique au Costa Rica (Craipeau, 1993).

Dans d'autres cas, souvent plus récents parce que liés à l'introduction de nouvelles variétés plus héliophiles, le caféier au contraire s'affiche en pleine lumière, se donne à voir. La requalification paysagère de la montagne est alors d'autant plus manifeste, voire ostentatoire, que la densité des plants est plus forte, les complantations plus rares, les parcelles et les exploitations plus amples. C'est alors un véritable nappage caféier qui a investi la montagne, donnant une tonalité vert sombre dominante, comme par exemple dans les parties de la Meseta centrale costaricienne qui n'ont pas encore été trop accaparées par l'urbanisation ou l'horticulture sous serre, ou comme dans le secteur de Ruiru aux portes de Nairobi. La couleur du caféier ressort d'autant mieux qu'elle peut être interrompue par d'autres formes et tonalités de la trame paysagère.

La qualité des paysages caféiers va de pair avec la qualité de la taille des arbustes, elle-même gage d'une production satisfaisante. Les plus beaux sont faits de plants vigoureux, au port régulier, aux branches chargées de fleurs ou de cerises. La plantation donne alors au paysage montagnard les qualités d'une construction faite d'alignements, de semis de points réguliers, d'un ordre géométrique. Quand au contraire elle décline, l'irrégularité de l'entretien des arbustes est immédiatement lisible : le « désordre » paysager manifeste la remise en cause du système caféier, ouvertement quand le café fut triomphant, plus discrètement quand il s'est fondu dans les logiques paysannes de terroirs, de systèmes vivriers, de parcellaire microfundiaire.

A une échelle plus fine en effet, le marquage du caféier souligne à l'envi les multiples facettes des espaces montagnards. Sur les versants, les plantations mettent souvent en lumière le tracé des courbes de niveau ; la microtopographie construite des banquettes, en pente douce vers l'amont, et des talus, conduit parfois à des alternances régulières entre caféiers d'une part, bananiers et taros d'autre part, ceux-ci plantés au pied du talus, où l'humidité reste plus longtemps ; le paillage des caféiers peut apporter une couleur de plus à la palette. Les collines de Machakos, au Kenya, en offrent des exemples remarquables (Charlery de la Masselière et Bart, 1998). De même, dans certaines régions du Costa Rica, le contraste topographique des replats et des fronts de coulées est remarquablement souligné par la plantation : aux premiers le vert tendre de la canne à sucre, culture mécanisée sur pentes faibles, aux deuxièmes le vert foncé du caféier, culture artisanale adaptée aux fortes déclivités. Cette remarquable dichotomie va bien au-delà du paysage vu : « [La canne] est une invasion du paysage ; quand elle est présente, c'est à perte de vue, comme une obsession, et par là aussi elle est une expérience plus collective que le café, qui ne peut apparaître que dans des paysages de versants fragmentés et limités... » (Gilard et Tulet, 1993)

Peut-on se laisser aller vers l'idée selon laquelle le caféier est l'un des éléments qui fait que la montagne tropicale est belle ? De surcroît, ces paysages du café sont par excellence des « paysages sociaux » (Samper, 1993, à propos de l'Amérique centrale), qui manifestent un fait essentiel : ce produit a été souvent un vecteur privilégié du développement des montagnes tropicales.

Café et qualification sociale de la montagne

La caféiculture, l'un des éléments de définition des sociétés des montagnes de la zone intertropicale, avec son lot d'innovations, de bouleversements, de contraintes, a souvent joué un rôle clé dans l'entrée de paysanneries de montagne dans la modernité. Si elle a pu avoir des effets déstructurants, surtout dans des phases de mauvaise conjoncture, elle a aussi pérennisé, consolidé des sociétés de montagne.

Parmi de très nombreux autres, l'exemple des hautes terres de l'ouest du Cameroun est très révélateur : « A son actif, la modernisation des campagnes, de l'habitat, de l'alimentation, la scolarisation massive, la bonne desserte routière, le remodelage des finages et des villages » (Morin,

1994). A cette énumération il convient d'ajouter le dynamisme de systèmes coopératifs et, plus encore, le statut social, le pouvoir lié à cette plante. Si dans ce pays bamiléké, l'importance de la caféiculture a considérablement décru, elle a fortement contribué à ouvrir les hautes terres sur l'extérieur et sur la ville, comme en pays kikuyu au Kenya, et en pays chagga en Tanzanie. Dans certains pays d'Amérique centrale, le développement de la caféiculture de montagne concerne directement la promotion de communautés indiennes ; c'est le cas des paysans mixtèques au Mexique (Katz, 2000), ou de certaines communautés indiennes du Chiapas, qui furent parmi les premières à se lancer dans la caféiculture biologique. Au Vietnam, devenu en quelques années l'un des très gros pays producteurs, le développement de la caféiculture participe à un processus plus général d'intégration et de développement des terres d'altitude. L'argent du café, l'enracinement foncier du caféier, l'image sociale attachée à l'arbre font que, dans beaucoup de montagnes tropicales, la culture a été ou est une véritable signature sociale, synonyme de progrès pendant les phases de prospérité et de nostalgie pendant les périodes de crise. Dans des pays aussi divers que le Costa Rica, la Colombie, le Cameroun, l'Ethiopie etc. le café a contribué à qualifier la montagne jusqu'à la hisser à un niveau qui en a fait le cœur d'une construction territoriale, à l'échelle régionale voire nationale.

Images de café, images de qualité, images de montagne

Dans le système café-montagne-qualité, représentations et images jouent un rôle essentiel aujourd'hui valorisé par les discours marchands, mis en forme par les publicitaires (Pilleboue, 1999). Vendre du café c'est aussi vendre du plaisir et du rêve, c'est donc mettre en scène de l'image.

Dans ce domaine l'image a trouvé un terrain privilégié. La montagne à elle seule, en effet, véhicule des symboles de pureté, d'exaltation, de nature mis depuis longtemps, dans les régions tempérées, au service des eaux minérales, des produits laitiers, de la santé. La montagne est le refuge de l'authentique, de « l'utopie rustique » (Mendras, cité par Pilleboue, 1999), bien loin des nuisances de la ville. Le café Arabica s'est en partie engouffré dans cette brèche, dans un jeu de relations café-montagne fait à la fois de valorisation du café par la qualité reconnue de la montagne et de valorisation de la montagne par la notoriété de son café. La montagne devient label pour le café, le café devient marqueur de la montagne.

Dans des pays latino-américains comme le Mexique ou le Costa Rica existent ainsi des classements de qualité se calquant sur l'altitude (Stella, 1996). Dans de nombreux textes publicitaires, l'altitude, les hautes terres, la montagne sont explicitement ou implicitement un argument de qualité. La réussite du café du Kilimandjaro sur le marché japonais tient en partie à un discours de promotion qui a quelque peu assimilé Kilimandjaro et Fuji-Yama (film Kili) ; la notoriété des Blue Mountain de Jamaïque et de la région du Sidamo en Ethiopie tient au contraire beaucoup plus au café qu'à la nature du relief. L'image de la montagne caféicole recèle aussi bien une dimension sociale, celle du petit caféiculteur, éventuellement « indigène », soucieux de qualité, mais aussi plus ou moins menacé, qu'une dimension naturaliste liée aux vertus des terroirs. La fragmentation des milieux montagnards renvoie peut-être aux vertus individuelles du petit producteur familial, dont la proximité quotidienne avec la plantation apparaît comme une garantie. Dans certaines îles de la Caraïbe, l'histoire du café est d'ailleurs celle des petits producteurs des « mornes », contre les grandes plantations sucrières des plaines : paysans de la Sierra Mestra cubaine, petits producteurs d'Haïti. L'une des forces du café du Costa Rica est d'associer l'image de l'altitude à celle du petit propriétaire planteur, à l'opposé de l'image des grandes plantations bananières de la côte (Demyk, 1996). Subtiles alchimies des dimensions naturelle et sociale de la montagne, qui manquent tant au premier producteur mondial, le Brésil, qui, peu pourvu en terroirs caféiers de paysanneries de montagne, amorce à présent une politique d'amélioration de la qualité... sans référence à la montagne (Broggio *et al.*, 1997).

La dimension qualité de la caféiculture de montagne renvoie à la question de l'échelle, de la nature, de la légitimité des références de la production au territoire ; plus précisément l'enjeu actuel est peut-être celui que peut prendre la montagne tropicale, dans sa dimension réelle ou onirique, dans une démarche de qualification par la dénomination de crus, d'appellations etc. Si beaucoup de pays produisent « le meilleur café du monde », la question actuelle de la qualité des cafés de montagne, et donc dans une certaine mesure de la pérennité d'un développement caféicole de ces montagnes, touche d'un côté à celle des cafés biologiques et des filières alternatives, de type Max Havelaar, de l'autre au devenir des variétés à haut rendement qui, dans certains pays latino-américains, ont permis le développement de filières du café misant à la fois sur la quantité et la qualité. Dans ce dernier cas, c'est plus souvent l'échelle nationale de la référence territoriale qui est mise en avant.

Conclusion

La question de la qualité est par essence globale : celle du produit bien sûr, enjeu à la fois économique et identitaire, celle du support social et territorial aussi. Entre les deux fonctionnent de nombreuses interactions d'ordre systémique, dans un contexte où la qualité se produit, mais aussi se décrète, se fait connaître, se vend… L'image en est un vecteur de premier ordre, ce qui sied particulièrement à la montagne.

Références bibliographiques

Encyclopaedia Universalis, 1970. Atlas universalis.

Bart F., 1993. Montagnes d'Afrique, terres paysannes : le cas du Rwanda. CEGET-PUB.

Bart F., 1994. Le café au Rwanda, en marge de l'économie vivrière. *In :* Paysanneries du café des hautes terres tropicales, Tulet J.C. *et al.* (éd.). Paris, France, Karthala, p. 123-144.

Bart F., Charlery de la Masselière B., Calas B., 1998. Caféicultures d'Afrique orientale : territoires, enjeux et politiques. Paris, France, Karthala-IFRA.

Bidou J.E., 1994. Burundi : l'engrenage caféier. *In :* Paysanneries du café des hautes terres tropicales, Tulet J.C. *et al.* (éd.). Paris, France, Karthala, p. 147-176.

Bozonnet J.P., 1992. Des monts et des mythes. Grenoble, France, Presses universitaires de Grenoble.

Broggio C., 1997. Les nouveaux enjeux du développement de la caféiculture brésilienne : le cas du Minas Gerais. Géodoc, n. 44.

Chabouis L., 1988. Le livre du café. Paris, France, Bordas.

Charlery de la Masselière B., Bart F., 1998. L'arbre qui cache la forêt : filière nationale et diversification de la petite production de café au Kenya. *In :* Caféicultures d'Afrique orientale, Bart F. *et al.* Paris, France, Karthala-IFRA, p. 187-216.

Craipeau C., 1993. Deux communautés paysannes du café au Costa Rica : Tucurrique et Pejibaye, 1850-1992. Caravelle, 61 : 75-91.

Davy M.M., 1996. La montagne et sa symbolique. Paris, France, Albin Michel.

Demyk N. (coord.), 1996. La caféiculture au Costa Rica. Géodoc, n. 43.

Devenne F., 1998. La caféiculture au Kilimandjaro (Tanzanie) : une affaire d'homme. *In :* Caféicultures d'Afrique orientale, Bart F. *et al.* Paris, France, Karthala-IFRA, p. 217-267.

van Dijk J.B., 1998. The world coffee market. Rabobank International.

Fortunel F., 2000. Le café au Viêt Nam. Paris, France, L'Harmattan.

Gallais J., 1982. Pôles d'Etats et frontières en Afrique contemporaine. Les Cahiers d'outre-mer, 138 : 103-122.

Gilard J., Tulet J.C., 1993. Les cultures du café en Hispano-Amérique. Caravelle, 61 : 3-6.

Katz E., 2000. Fleurs de café, luttes de pouvoir : évolution de la caféiculture en pays mixtèque (Mexique). *In :* La fleur du café, Tulet J.C. et Gilard J. Paris, France, Karthala, p. 165-190.

Morin S., 1994. Le café dans l'Ouest-Cameroun, de la culture de rente au révélateur de la crise sociale. *In :* Paysanneries du café des hautes terres tropicales, Tulet J.C. *et al.* Paris, France, Karthala, p. 193-223.

Pilleboue J., Weissberg D., 1997. Caféiculture et cultures du café au Vietnam. Etudes vietnamiennes, 3- 4: 477-512.

Pilleboue J., 1999. Les produits agroalimentaires de qualité : remarques sur leurs liens au territoire. Sud-Ouest européen, 6 : 69-83.

de Robert P., 1993. Le café dans la montagne, quels enjeux pour les populations marginales non productrices ? Caravelle, 61 : 165-176.

Samper M., 1993. Los paisajes sociales del café. Caravelle, 61 : 49-60.

Stella A., 1996. Le livre du café. Paris, France, Flammarion.

Thorn J., 1996. L'amateur de café. Soline.

Tulet J.C., Charlery de la Masselière B., Bart F., Pilleboue J., 1994. Paysanneries du café des hautes terres tropicales : Afrique et Amérique latine. Paris, France, Karthala.

Tulet J.C., Gilard J., 2000. La fleur du café. Paris, France, Karthala.

Uwizeyimana L., 1996. Crise du café, faillite de l'Etat et implosion sociale au Rwanda. Géodoc, n. 42.

La place de la qualité dans les politiques de relance

Populations, territoire et relance caféière au Kilimandjaro

Bernard Charlery de la Masselière

« Le café fait partie de notre culture », ainsi s'exprimait, en 1999, le directeur du Tanzania Coffee Board. Ce sentiment est partagé par un petit agriculteur de l'ethnie chaga vivant à Machame sur le versant sud du Kilimandjaro : « Sans banane et sans café, tu n'es pas un Chaga ! ». Au cours du XXe siècle, la caféiculture a effectivement transformé et construit le territoire et la société chaga du Kilimandjaro. Cette référence au domaine culturel peut être reliée au « double jeu » mis en évidence à propos de l'Armagnac (Hergès, 1992), une liqueur française. En effet, d'une part, un ensemble de pratiques symboliques autour de la production de café fonde de nouvelles formes d'identification au territoire, d'autre part, un mode d'accumulation et de développement local légitime et stimule des stratégies individuelles et collectives.

Dans la plupart des pays producteurs de café, la caféiculture est arrivée à un moment délicat de son histoire. Une recomposition et une revalorisation du territoire local se profilent. Dans le même temps, le vieillissement du verger et la saturation des terroirs bloquent les initiatives endogènes et hypothèquent toute forme de valorisation patrimoniale et économique du produit. En revanche, à l'échelle mondiale, la compétitivité des espaces régionaux dépend de leur capacité interne à ménager et à enrichir l'environnement productif tout en maintenant une certaine flexibilité face aux fluctuations des marchés.

Depuis quelques années, le Kilimandjaro est engagé dans un processus de relance de la caféiculture, à partir de la revitalisation des anciennes grandes plantations. Ce processus ne peut faire l'économie de sa diffusion en milieu paysan, qui assure près de 90 % de la production. Il faut revisiter les conditions qui ont assuré le succès de la caféiculture au milieu du XXe siècle, pour essayer d'évaluer si elle peut encore aujourd'hui accompagner le développement économique et social de la région.

Les incertitudes du processus de relance

Les années 90 ont connu sur le marché international du café une saturation de la demande et un intérêt nouveau porté aux cafés de haute qualité, avec l'émergence de nouvelles formes de labélisation et de qualification du produit. Apprécié pour ses qualités propres – faible acidité, bonne tenue en bouche, arôme marqué –, le café du Kilimandjaro bénéficie en outre d'une identité particulière construite autour de l'image de la montagne et de ses neiges éternelles. Cependant, la compétition de plus en plus sévère sur ce marché bouleverse l'organisation des réseaux de distribution à l'échelle internationale. Ce bouleversement se répercute inévitablement sur les conditions de la production et de la mise en marché.

Au Kilimandjaro, la production est assurée par de petites exploitations paysannes (inférieures à 0,5 hectare) et par de grandes plantations mixtes (en moyenne de 250 à 350 hectares) créées par des émigrants d'origine européenne. Petites et grandes plantations se positionnent différemment par rapport au processus de relance.

Qualité et quantité :
une équation à trois inconnues plus une

Un approvisionnement régulier en qualité et en quantité est l'élément qui détermine la stratégie des torréfacteurs et des courtiers positionnés sur les marchés de spécialité. Les producteurs doivent répondre à ces impératifs sur le long terme. Après un pic de 23 420 tonnes en 1980-1981, la production de café au Kilimandjaro a régulièrement décliné jusqu'à 7 000 tonnes en 1998[1]. Le Kilimandjaro pèse moins de 0,2 % sur le marché mondial du café. Dans le même temps, entre les années 70 et 90, les rendements sont passés de 262 à 143 kilos par hectare, ils sont de 850 kilos par hectare en Colombie. La qualité a connu également une érosion avec une proportion grandissante des grades les moins appréciés.

---

1. D'après Ministry of Agriculture, Coffee Management Unit, Dar es Salaam, 1996.

Au milieu des années 90, l'état du verger est devenu alarmant. Les grandes plantations, nationalisées en 1973, sont pour la plupart tombées en déshérence. Les caféiers des petites exploitations, plantés au milieu du siècle, ont atteint l'âge limite d'une bonne productivité et sont attaqués par diverses maladies dont l'anthracnose. L'appareil productif doit donc être reconstitué. Une totale réorganisation de la production est nécessaire. Dans l'environnement montagnard des hautes terres densément peuplées d'Afrique de l'Est, seul un accroissement de la productivité des caféiers peut conduire à une augmentation de la production. L'effet sur la qualité est attendu : qualité et quantité sont indissolublement liées. La rentabilité à moyen terme de l'investissement, en argent comme en main-d'œuvre, nécessaire à l'augmentation de la production, ne peut être garantie que si la qualité est maintenue. Résoudre une telle équation suppose une triple disponibilité en terre, en travail et en capital monétaire. Si, les grandes plantations peuvent mobiliser ces trois composantes, les exploitations paysannes rencontrent plus de difficultés.

Le marché international du café est aujourd'hui dominé par cinq grandes multinationales, Philip Morris et Nestlé se partageant à eux seuls près de la moitié des parts de marché. Le marché des cafés de spécialité est toutefois plus fragmenté et offre des opportunités pour de petits et moyens opérateurs. Du coté de la production, le marché est occupé par des petits pays producteurs, mais aussi de plus en plus par les grands producteurs (Brésil, Colombie...). Ces derniers investissent dans la qualité et assurent bien entendu la quantité, ce qui accentue la compétition sur le segment de la qualité.

Le marché des spécialités ne constitue cependant pas un sésame pour une augmentation assurée des revenus. En effet, la baisse générale des cours affecte directement et de façon excessive le processus de construction de la qualité. Le prix moyen du kilo de café vert payé au producteur du Kilimandjaro est passé de 1,83 euro à 0,5 euro entre 1998 et 2002[2]. La tension sur les cours contraint les producteurs à réduire les coûts de production tout en maintenant un standard de qualité, ce qui est a priori contradictoire.

Rien n'indique par ailleurs qu'une simple amélioration de la qualité ajoute une valeur significative au produit. La quatrième inconnue, après la disponibilité en terre, en travail et en capital, est donc la rémunération de la qualité au planteur.

---

2. Aux enchères de Moshi des 12 et 19 septembre 2002, les prix payés pour un sac de 60 kilos ont varié entre 30 euros et 114 euros, avec une moyenne oscillant autour de 75 euros.

La revitalisation des grandes plantations :
l'effet « frontière agricole »

Dans un article écrit en 1997 (Charlery de la Masselière, 2003), nous avons déjà tracé le cadre de la relance caféière au sein des grandes plantations. Depuis, le processus s'est accéléré et touche une grande partie des anciens *estates* caféiers créés au début du siècle. Localement, il s'apparente à la reprise d'une conception ancienne de la plantation, fondée sur des réserves en terres, la mobilisation du travail paysan et la juxtaposition des caféières avec d'autres cultures comme le maïs, dont les revenus s'ajoutent aux investissements extérieurs. Ce processus correspond également à la reprise des héritages coloniaux : les planteurs européens conservent une dynamique propre dont sont plus ou moins exclus les Tanzaniens. La grande union de coopératives paysannes, la KNCU (Kilimandjaro Native Cooperative Union)[3] gère les propres plantations dont elle a hérité sous une forme rentière ou en transfert la gestion à des opérateurs privés. Il s'agit donc là de la confirmation d'un ordre ancien du territoire fondé sur la séparation de deux secteurs de la caféiculture : un secteur paysan marqué par la polyculture, l'association et le travail domestique et un secteur de grande plantation, plus capitalistique, avec monoculture et travail salarié de la caféiculture.

L'originalité du processus repose sur un effet particulier de « frontière agricole ». La diffusion ancienne des caféiers avait été en partie le produit de la conquête de terres nouvelles prises sur les marges forestières et les pâturages. Le gel des terres pendant la période la plus dure de la « villagisation » et la dépréciation du capital végétal comme des moyens de production ont produit des sortes de friches caféières, qui jouent le rôle de front pionnier interne. La main-d'œuvre est aujourd'hui plus disponible qu'hier car la population paysanne a des besoins accrus en numéraire. Le réseau routier est déjà constitué, la proximité de la ville de Moshi et des services qu'elle peut offrir (enchères, usines de traitement) constitue un avantage acquis qui accélère la reprise. Le faible niveau des cours affecte peu les grandes plantations, qui sont en période d'investissement.

Dans le cadre de la compétition sur le marché mondial, le Kilimandjaro possède des atouts valorisés en particulier sur le marché japonais, où les consommateurs apprécient les cafés doux de faible acidité. Dans l'imaginaire, les similitudes entre le Kilimandjaro et le Fuji-Yama ajoutent aux critères intrinsèques de qualité une qualification originale du produit. Cette valorisation du territoire requiert une garantie des quantités et qualités produites et la maîtrise des coûts de production. Les sociétés de commercia-

---

3. Enregistrée pour la première fois sous le nom de Kilimandjaro Native Planters Association en 1925.

lisation ont donc investi dans la production, elle-même intégrée à la transformation industrielle. Cet investissement en amont de la commercialisation s'appuie sur la faiblesse des stocks mondiaux de café de spécialité *(top quality washed coffee)*. Enfin, le rôle des opérateurs privés est redynamisé par la politique de libéralisation du gouvernement tanzanien, qui réduit progressivement sa ponction sur les exportations.

Cette revitalisation des grandes plantations prend plusieurs formes. Quelques anciens planteurs, pour la plupart des Grecs que leur histoire personnelle rattache fortement au territoire, sont revenus exploiter sous contrat de location leurs anciennes plantations en renouvelant partiellement le matériel végétal existant. Des sociétés internationales, comme Tchibo, une compagnie allemande, ont repris plusieurs plantations (Tchibo, Kichoni, Mawingo, Chombo, Kaity, Kilimandjaro et Kifumbu *estates*, sur la route de Kibosho qui vient d'être goudronnée) en les replantant entièrement de jeunes caféiers et en modernisant les structures de la première transformation. De même, d'anciens *estates* autour de la station de recherche de Lyamungu ont été entièrement couverts en trois ans de jeunes caféiers grâce à des capitaux britanniques et israéliens (African Plantations Cie). Des formes intermédiaires existent aussi, comme à Machare *estate*.

Cette revitalisation des grandes plantations est un pari sur l'avenir – les premiers profits sont attendus dans quinze ans – et devrait voir la part des *estates* fortement augmenter dans la production totale du Kilimandjaro. Localement, elle s'inscrit dans la continuité d'un ordre territorial qui, pour le moment, fait l'impasse sur son articulation nécessaire avec la production paysanne.

L'environnement paysan : sous le registre du manque

Les fermiers chaga sont également sollicités par l'intermédiaire des incitations à la relance du programme régional de revitalisation de la caféiculture. Les variations interannuelles du prix du café payé aux producteurs entraînent une précarité interne des exploitations familiales et expliquent leurs difficultés à entrer franchement dans le processus de relance par manque de terres, de capital et de main-d'œuvre.

La clôture territoriale, propre aux hautes terres d'Afrique de l'Est, marque la « fin des terres », et interdit toute flexibilité dans les choix des cultures et dans l'orientation de l'investissement productif. La sursaturation de la ceinture café-banane, produite en particulier par le succès de la caféiculture, apparaît aujourd'hui comme une contrainte difficile à lever. L'extension du verger vers les bordures plus humides de la forêt d'altitude a fragilisé l'ensemble de la base productive de l'aire paysanne, en abordant des zones favorables à l'anthracnose des baies. L'extension vers les basses altitudes est, quant à elle, rendue impossible par la progression rapide du gradient d'aridité. Les rumeurs d'une diffusion éventuelle de la caféiculture vers ces terroirs plus secs témoignent de la persistance d'une conception territoriale devenue archaïque par laquelle le café reste d'abord une culture de conquête. Elle rend compte d'un blocage écologique des systèmes de cultures associées de la ceinture café-banane : l'arrachage systématique des caféiers que suppose le programme de relance y entraînerait une rupture inconsidérée de l'équilibre végétal, mais aussi de l'équilibre social. La relance ne peut donc s'effectuer que par l'amélioration de la productivité d'un verger qui a vieilli, ce qui suppose un investissement accru en travail et en capital.

L'entretien du capital existant se heurte à un certain nombre de difficultés :
– le manque de main-d'œuvre familiale dû aux migrations des jeunes vers la ville et la nécessité de recourir à une main-d'œuvre salariée dont les coûts ont doublé entre 1993-1994 et 1995-1996[4] ;
– la faible disponibilité financière des fermiers – les opérateurs s'accordent sur le besoin en crédits des fermiers, qui restent hypothétiques en l'absence d'un vrai marché de la terre ;
– la cherté des intrants, dont le prix a fortement augmenté avec la libéralisation des marchés ;
– le blocage patrimonial, les pères conservant jusqu'à leur mort la mainmise foncière sur les caféières et la jouissance des revenus, ce qui contribue à détacher les plus jeunes de la culture.

L'analyse des coûts de production entre 1994 et 1996[5] montre que le revenu net par famille et par jour est passé de 1,29 à 0,72 euro, pour un rendement de 250 kilos par hectare, et de 2,23 à 0,89 euros, pour un rendement de 450 kilos par hectare. L'investissement nécessaire au maintien de la productivité et de la qualité est donc peu rentable.

Le défaut d'encadrement laisse par ailleurs les fermiers seuls et démunis face à ces blocages internes. Les sociétés coopératives de base, fragilisées par les avatars de la politique de villagisation, sont essentiellement orientées vers la satisfaction des besoins sociaux et restent pour la plupart étrangères à la production. Bien qu'elles aient hérité des droits d'usage (*rights of occupancy*) des grandes plantations, elles se contentent d'investir les revenus tirés des locations de terres dans des équipements sociaux (écoles, dispensaires, ponts…). Une solution serait de relier les exploitations familiales aux sociétés qui exploitent les *estates*. Quelques tentatives ponc-

---

4. D'après Ministry of Agriculture, Coffee Management Unit, Dar es Salaam (1996), le coût moyen pour une parcelle de 1 000 arbres à l'hectare avec une productivité de 250 kilos par hectare est passé, entre les deux périodes, de 600 à 1 500 shillings tanzaniens par jour (100 shillings tanzaniens = 1 franc, au cours de l'année 1996).
5. *Ibid.*

tuelles existent comme à Machare *estate* : la coopérative de Nshara, détentrice des droits, utilise une partie des revenus de la location pour mieux payer le café de ses membres (550 shillings au lieu de 450 en 2002). Le directeur de l'*estate* a proposé aux petits planteurs de la coopérative de traiter les cerises dans son usine de première transformation, mais il s'est heurté à d'importantes contraintes administratives. Cela ne suffit pas à relancer le mouvement d'ensemble qui, à travers la KNCU, avait à l'origine assuré le succès de la caféiculture.

L'environnement paysan est finalement marqué par l'impossibilité de résoudre l'équation qualité/quantité, ce dont témoigne le caractère dérisoire des quelques remplacements d'arbres effectués ici ou là. D'ailleurs, le discours récurrent sur la valorisation du maraîchage apparaît bien comme l'expression de cette incapacité à assumer une nécessaire révolution culturale. Ces aspects économiques immédiats ne sauraient cependant épuiser la question. L'analyse historique de la révolution caféière montre que les ressorts de la dynamique paysanne sont d'abord d'ordre culturel et social. C'est à ce niveau qu'il faut évaluer la capacité des individus à affronter une réalité économique qui ne leur est pas favorable.

Culture pérenne et construction du territoire : « ce que durent les caféiers »

Le territoire se construit par un double mouvement, un « double jeu » avons-nous dit en introduction, au sein duquel s'exerce une tension. Un territoire particulier peut donc être considéré comme un « moment » en tant que « produit de la distance de deux forces par leur intensité commune » (définition du Petit Robert). En ce sens, on peut considérer qu'il y a eu au Kilimandjaro un moment caféier : l'identification au territoire à travers l'attachement au produit est le premier vecteur, et l'ensemble des stratégies individuelles d'accumulation et de développement est le second vecteur. Notre interrogation doit donc investir la « distance » entre ces deux vecteurs car cette distance est fondatrice de territoire. En ce sens, la pérennité est celle du couplage constant de ces vecteurs dont les intensités individuelles varient et déforment le moment. Cela va bien entendu au-delà de la simple pérennité végétative.

L'inscription du caféier dans l'ordre domestique

Au Kilimandjaro, le caféier s'est intégré dans un environnement montagnard à forte identité. Encore plus qu'ailleurs, dans les hautes terres intertropicales, la montagne s'isole nettement des terres avoisinantes par de forts gradients d'altitude, de pluviométrie, de température et de nature des sols. Ces gradients déterminent des étages bien individualisés. Cette individualisation limite les possibilités d'extension de mises en valeur spécifiques et rend nécessaires les compromis internes et les échanges entre les étages. Les différents espaces ainsi définis sont sensibles aux changements. La fertilité de cet environnement va de pair avec une fragilité d'ensemble car l'intensité du travail et des échanges qu'elle suppose débouche sur des conflits d'intérêts. La construction sociale et culturelle du territoire en est bien sûr affectée. Le maintien de la cohésion sociale et environnementale est donc l'enjeu principal. L'adhésion de tous les acteurs à un répertoire culturel commun, sans cesse à redéfinir, est fondamentale. Dans le territoire montagnard intertropical, une solidarité structurelle est donc indispensable.

Le café peut donc être considéré comme un moment d'une longue histoire, où s'est jouée l'autonomie économique et culturelle des populations chaga. Cette autonomie s'est renforcée au fil des circonstances, en particulier lors de la colonisation, qui a exercé une triple pression sur la société et son territoire :
– une pression sur la terre par l'irruption des grandes plantations à l'étage où les hommes cultivaient l'éleusine et faisaient paître les troupeaux et par l'accroissement démographique propre à cette période ;
– une pression sur le mode d'accumulation par la perte des troupeaux qui constituaient la base de l'échange et de la promotion sociale ;
– une pression sur l'autonomie économique et politique, par l'imposition indirecte du travail salarié.

Le conflit foncier de l'immédiate après-guerre, la solidarité coopérative très tôt exprimée, le statut de planteur acquis de haute lutte ont utilisé le café comme vecteur d'une nouvelle dynamique territoriale, renouvelant le lien entre l'homme et la terre et ouvrant de nouvelles voies d'accumulation.

Toutefois, on a parfois considéré que la caféiculture scellait l'entrée des agriculteurs chaga dans une logique capitaliste. Si l'on considère que « le capital est "libre", non seulement par rapport à l'activité agricole, mais aussi, conséquemment, par rapport à tel ou tel "pays" » (Haubert, 1999), il s'agirait ici plutôt d'un processus inverse : les principes de l'économie capitaliste se sont fondus dans l'économie domestique. Ce processus confirme, dans un nouveau contexte, la forte identité du territoire à travers l'intensification de la ceinture café-banane et la redisposition de l'étagement montagnard. Il renouvelle les équilibres entre les hommes et les femmes. Il redessine le cadre patrimonial dans lequel se déploie l'économie domestique, en faisant de la parcelle de caféiers le témoin de la transmission, en particulier sur les terres gagnées à l'étage supérieur, où se sont installés les jeunes qui y ont reproduit, en complantant les caféiers de bananiers, le système de culture de la ceinture café-banane.

Le territoire caféier et son double : temps des hommes, travail des femmes

François Devenne (Devenne, 1998) insiste à juste titre sur la transformation majeure introduite par le caféier dans le rapport entre hommes et femmes. Avant la caféiculture, « les hommes apparaissaient plus comme des gestionnaires que comme des producteurs » : aux femmes la production et le commerce, aux hommes l'échange social et symbolique. En effet, même si les hommes participent aux gros travaux, les femmes sont responsables de l'organisation des espaces productifs qui relèvent du vivrier. Sur l'unité foncière centrale, le *kihamba,* les femmes cultivent tubercules et légumineuses et entretiennent la bananeraie. Le *kihamba* abrite en stabulation plus de la moitié du cheptel, dont la fumure bénéficie aux cultures vivrières. Les femmes assurent également le lien entre la montagne et la plaine, où elles vont couper l'herbe pour le fourrage. Enfin, les femmes alimentent les marchés du « surplus normal » tiré du travail agricole.

La stricte organisation des lieux constitue le fondement spatial du territoire domestique et borne le champ des initiatives féminines. A ce territoire se superpose un réseau d'échanges ouvert à l'initiative des hommes, où ils gèrent le capital social et symbolique de l'unité domestique. L'interdépendance et la solidarité organique entre hommes et femmes y sont de type contractuel : chacun gère sa propre sphère d'action et son espace particulier mais s'inscrit dans une logique communautaire.

La caféiculture a modifié l'insertion des hommes dans le champ social global. Le caféier comme culture pérenne est propriété des hommes. D'une certaine façon, il reproduit l'individuation des hommes par l'acquisition d'une indépendance monétaire, qui modifie la nature du contrat domestique. Le caféier s'intègre au cœur du système arboricole et vivrier préexistant (la ceinture banane devient la ceinture café-banane), et crée les conditions d'une compétition pour l'accès aux ressources (l'eau, la terre…). Le caféier redéfinit ainsi la nature des tensions internes et de la distance structurelle, constitutive du territoire. La caféiculture transforme l'équilibre antérieur car il réduit la marge de manœuvre des femmes, de plus en plus cloisonnées dans les limites exiguës de l'exploitation : par l'alourdissement de leurs tâches traditionnelles et par l'ajout de tâches nouvelles dans la parcelle de caféiers.

Cependant, la mobilisation du travail féminin dans les caféières traduit, contrairement aux apparences, une dépendance des hommes par rapport aux femmes. En effet, les femmes ont su utiliser ce travail, ou surtravail, dans les caféières pour investir dans l'élevage et la bananeraie et conserver ainsi des formes d'indépendance. De plus, ce surtravail renforce l'identification du statut des femmes au territoire, même s'il confine leurs stratégies dans les limites de l'exploitation. En revanche, la caféiculture oriente les hommes vers de nouveaux réseaux d'échanges extérieurs au territoire. Deux découplages deviennent alors perceptibles : le découplage entre le champ des femmes et celui des hommes ; le découplage, chez les hommes, entre les formes d'identification au territoire et les stratégies directes ou indirectes de promotion sociale.

Le blocage territorial : la fin d'un moment

La fertilité agronomique et la croissance démographique aboutissent rapidement à la saturation des terroirs et donc à la clôture territoriale, qui porte en elle le principe d'une sortie du système. Nous verrons dans la troisième partie comment la gestion patrimoniale a perdu sa capacité à reproduire le système en passant de l'échelon local à l'échelon national.

La politique de relance est une politique régionale et entre bien dans la logique nouvelle de compétition entre les territoires locaux. Ces territoires ont besoin d'une flexibilité qui passe par l'élimination progressive des mécanismes de contrôle et d'organisation du territoire. Cette politique doit mobiliser les forces locales pour renouveler l'ancrage territorial et rentabiliser les caractéristiques fondamentales d'espaces spécifiques (Herniaux-Nicolas, 1999).

Pour le café du Kilimandjaro, cela doit se traduire par la quête permanente de plus de qualité. Il faut donc ajouter aux ressources du milieu (sol, climat) une quantité de travail toujours plus importante, investir de nouveaux réseaux de services et créer de nouvelles formes d'organisation. Hélas, la faible rémunération du travail familial et la détérioration des conditions d'existence ne sont pas propices à ces investissements. Le discours des hommes est éloquent et fluctue entre la nostalgie d'une richesse passée, le sentiment d'impuissance devant l'immensité de la tâche, le déshonneur de ne plus pouvoir assumer les obligations sociales telles que la scolarisation des enfants[6] ou les dons aux églises, la fermeture des issues connues, le risque de perdre ses racines si on arrache les caféiers, le désarroi devant l'inversion radicale du sens de l'investissement : autrefois le café fournissait l'argent, aujourd'hui c'est l'argent qui permet de produire du café.

L'ancien système portait en lui ses propres blocages, ses propres fissures. Le café a introduit la monétisation de la production et les individus ont été appelés à sortir du champ territorial communautaire pour investir d'autres solidarités, d'autres sécurités (urbaines en particulier) : l'investissement privilégié des revenus du café dans la scolarisation des enfants en était le signe le plus évident. La surmobilisation du travail féminin a assuré leur

---

6. A Olele Primary Society, sur le versant est de la montagne, un petit fermier livre en moyenne 200 kilos de café à la coopérative. A 450 shillings par kilo, cela lui fait un revenu de 90 000 shillings, alors qu'une année d'école secondaire lui en coûte 200 000.

statut de gardiennes du territoire, de sa cohésion, de la valorisation de ses caractéristiques propres. Les femmes ont su en même temps développer leurs propres sphères d'action autour de l'élevage laitier et de la bananeraie, qui se présentent aujourd'hui comme des éléments d'alternative à la baisse des revenus caféiers. Par ailleurs, ce sont les femmes qui travaillent aujourd'hui à la revitalisation des grandes plantations et acquièrent ainsi un revenu monétaire indépendant. Elles sont de ce fait moins disponibles pour investir dans les plantations familiales.

La valorisation des caractéristiques propres du territoire chaga repose donc en grande partie sur le travail des femmes, qui assure l'entretien de la fertilité. Il n'y a cependant pas, comme c'est le cas en pays bamiléké au Cameroun, de divorce entre la stratégie des hommes et celle des femmes. En effet, le marché du lait reste encore embryonnaire et celui de la banane s'inscrit dans le cadre traditionnel des rapports de genre. Les initiatives des hommes et des femmes relèvent apparemment d'une volonté conservatrice, qui maintient l'illusion de la pérennité du système café-banane. La parcelle de caféier elle-même permet aux hommes de conserver les signes de leur statut social propre ; elle reste la base d'un repli identitaire. Les tentations de reconversion vers le maraîchage, qui entraînerait une dissociation des composantes paysagères de la ceinture café-banane, restent contenues par un risque social que la société chaga ne semble pas en mesure d'assumer.

Ce blocage territorial nous éloigne de la valorisation capitaliste des conditions spécifiques du territoire chaga, où l'amélioration de la qualité du café renforcerait la compétitivité du Kilimandjaro dans le marché prometteur des cafés de spécialité. Le café paysan reste un vestige d'une construction territoriale, qui a produit vieillissement des plants et réduction de la taille des exploitations : il n'y a plus rien à transmettre mais tout à reconstruire. Relancer la caféiculture paysanne sur les mêmes fondements semble donc illusoire, d'autant plus que le nouvel encadrement national et international bouleverse radicalement l'économie clientéliste qui, à une autre échelle, a été le support de la logique patrimoniale de la caféiculture.

Faillite des appareils nationaux et extériorité des réseaux

Comme le souligne François Devenne (Devenne, 1998), « aujourd'hui, à quelques exceptions près, riches et pauvres ne se différencient pas en fonction du café ». Denis-Constant Martin (Martin, 1988) avait déjà relativisé l'importance des différenciations sociales dans les campagnes où, contrairement à certaines idées reçues, le nombre d'agriculteurs « capitalistes » était faible. Les inégalités sociales sont souvent plus le produit des ressources non agricoles telles que les emplois publics. Dès que l'argent du café est investi dans la scolarisation des enfants, la valorisation sociale et économique du café sort de l'espace confiné de la production. Les structures et les réseaux de l'Etat ont permis l'élargissement du capital initial accumulé grâce au café. Le désengagement progressif de l'Etat depuis le milieu des années 80 enlève à la caféiculture paysanne un des leviers de son développement économique, mais aussi symbolique. L'irruption déterminante sur la scène locale d'acteurs privés, dont les réseaux sont étrangers, isole de plus en plus la filière du café *stricto sensu* de son environnement politique et social.

Les aléas et la faillite de l'Etat patrimonial

A l'origine, le développement de la caféiculture dans le nord du Tanganyika s'est inscrit dans une dimension régionale à travers la constitution de puissantes coopératives fédérant les intérêts des paysans africains entreprenants contre les grandes plantations européennes et asiatiques. Ainsi au Kilimandjaro, la KNCU a pris la défense des petits paysans, organisés au sein des coopératives de base *(primary societies)*. D'une certaine façon, le système coopératif a intégré tous les éléments de la fonction patrimoniale assurée autrefois dans le cadre clanique ou lignager. Il est devenu le lieu privilégié de l'alliance, de la solidarité, de la redistribution, de la protection et de la promotion. Après 1985, il gérait même l'accès à la terre sur les parcelles vacantes des grandes plantations. A l'aube de l'indépendance, les liens historiques tissés entre le mouvement coopératif et le mouvement nationaliste témoignaient de cette articulation entre les échelles et les niveaux d'encadrement.

Cependant, l'autonomie régionale des coopératives menaçait les principes généraux de la construction nationale autour du parti unique. L'agriculture a été placée au cœur des priorités nationales, de façon classique pour la subsistance et la rentrée de devises. Les difficultés des années 70 et la croissance qui se ralentit ont renforcé le contrôle de l'Etat sur la production. La Déclaration d'Arusha lance le mouvement de villagisation à travers la politique *ujaama* et transfère de façon plus ou moins brutale la fonction patrimoniale vers les structures nationales. La suppression des coopératives en 1975 et la nationalisation des grandes plantations sapent les fondements de la dynamique régionale. Les directives nationales s'imposent de façon plus ou moins coercitive sur le secteur de la production. La ponction sur le revenu paysan est de plus en plus lourde : augmentation des taxes et instauration d'un système panterritorial des prix défavorable aux régions les plus entreprenantes. Le territoire chaga se trouve ainsi dilué dans le territoire national qui, en Tanzanie, reste très éclaté et mal maîtrisé. La limitation imposée aux stratégies locales et régionales précipite la sortie des individus hors du système local. Les formes de solidarité ne s'inscrivent plus d'abord dans la défense du territoire communautaire. Elles deviennent plus englobantes et régularisées par des instances centrales indépendantes et « neutres ».

Cette dilution, plus qu'intégration, au cadre national ne s'est pas accompagnée d'un gain d'efficacité des structures d'encadrement, bien au contraire. Au moment où doit se penser le renouvellement du verger, l'ensemble de la filière se « fonctionnarise ». Le détournement de la rente alimente des réseaux de clientèle non directement productifs. La logique patrimoniale devient un instrument d'appropriation privative du bien public au profit des factions au pouvoir et d'accès à un capital « anonyme » dissocié de la caféiculture : les délais de paiement au producteur, le contrôle de l'Etat sur les prix, la politique salariale, etc. consacrent l'autonomie de la sphère financière par rapport à la production. Cela n'est possible que par l'encadrement de plus en plus serré des agriculteurs, enfermés dans un tissu de contraintes vécues comme la perte de l'initiative autonome. L'effondrement de la production dans les grandes plantations et la stagnation de la production paysanne en sont les conséquences directes.

Le rétablissement des coopératives en 1984 ne suffit pas à rétablir la confiance : une longue indétermination sur le transfert des droits d'usage des grandes plantations de l'Etat vers les sociétés coopératives oblitère l'effet attendu de ce contrôle rendu sur la terre ; l'absence de capital interdit toute relance de la production ; la destruction du réseau social et politique construit tout au long de l'histoire coopérative paraît irréparable. Par ailleurs, la baisse du cours mondial du café, la dérégulation des années 90 et les accidents climatiques répétés laissent les fermiers et les coopératives sans réelles perspectives. La baisse des ressources sape la légitimité d'intervention de l'Etat et remet en cause les mécanismes qui assuraient l'insertion, inégale mais socialement constructive, des individus dans le maillage du tissu social et politique. Enfin, la crise de l'emploi public et la paupérisation urbaine désagrègent les liens de solidarité et les petits réseaux entre villes et campagnes. Cette individualisation des citadins par rapport à leur terroir d'origine rompt la chaîne patrimoniale qui avait justifié l'investissement dans l'économie caféière.

L'incertitude des nouveaux réseaux

Les nouvelles logiques territoriales du libéralisme contemporain encouragent les forces locales à construire et à investir de nouveaux réseaux transnationaux. Cet élargissement de l'horizon des producteurs au-delà des limites régionales et nationales ne trouve aucun appui dans l'histoire coloniale et néocoloniale. Les principaux acteurs de la relance de la caféicul-ture au Kilimandjaro sont des étrangers, souvent des sociétés multinatio-nales engagées dans la commercialisation du produit. Cela n'interdit pas l'existence de nombreux exportateurs « traditionnels », qui restent can-tonnés dans le secteur commercial. L'enjeu est clairement défini par le président de la Tanzania Coffee Association, qui s'appuie sur l'exemple de la Silicon Valley : « Quand vous avez de nombreuses personnes présentes en un lieu et qui sont attachées à un produit et déterminées à sa réussite, elles se rencontrent, discutent des meilleures pratiques, échangent des idées, échangent des moyens de production et s'encouragent les unes les autres [...]. La revitalisation des *estates* du Kilimandjaro créera ce moment pour le café [...]. Les petits producteurs bénéficieront de l'expertise et des services qui arriveront dans la région » (Lefroy, 2000). La question est donc bien de savoir si une filière locale associant des réseaux divers et plus ou moins cloisonnés les uns par rapport aux autres peut se reconstruire.

A partir de 1993, tout opérateur privé avait la possibilité d'obtenir une licence auprès du Tanzania Coffee Board afin de collecter le café sur la montagne, en employant des intermédiaires. Le café parche était payé directement au producteur sur la base d'un prix fixé, avant traitement et exportation, souvent par les mêmes opérateurs. Ces opérateurs ont pu éga-lement ouvrir des usines de traitement du café parche, entrant ainsi en concurrence avec la Tanzania Coffee Curring Company, basée à Moshi, qui traitait jusqu'alors tout le café produit en Tanzanie. Ces dispositions ont été remises en cause par le Coffee Act de 2002, qui interdit désormais à une seule compagnie d'effectuer l'ensemble des opérations[7]. La KNCU devient un opérateur parmi d'autres, à la seule différence qu'elle agit au nom des producteurs à travers les sociétés primaires, qu'elle rémunère selon le système ancien de triple paiement sur la base du prix des lots de café vert vendus aux enchères. Le Tanzania Coffee Board conserve la maî-trise des enchères par lesquelles tout café exporté doit nécessairement pas-ser.

On constate une grande fluctuation chez les opérateurs privés. En 1995, sur tout le territoire tanzanien, 40 acheteurs avaient obtenu une licence ; l'année suivante, 8 ont quitté la scène et 11 nouveaux sont arrivés sur le marché[8]. Peu d'opérateurs sont engagés directement dans la relance de la

---

7. Ces atermoiements témoignent des difficultés de réorganisation de la filière. De nou-veaux agents, souvent d'origine tanzanienne, collectent désormais le café auprès des fer-miers. Selon les exportateurs, cela ajoute un maillon dans la filière et supprime toute flexibilité dans la répercussion rapide de l'évolution des cours (à la hausse comme à la baisse) sur le prix payé au producteur. Pour le Coffee Board, cette mesure doit interdire à l'usinier-exportateur de fixer le prix à sa convenance, possibilité qui paraît cependant peu compatible avec la concurrence qui existe entre les acheteurs.
8. D'après Ministry of Agriculture, Coffee Management Unit, Dar es Salaam, 1996, p. 25.

production, sinon pour certains par la gestion d'une grande plantation. Certains des plus importants opérateurs distribuent de jeunes plants et établissent des systèmes d'avance pour permettre aux petits fermiers d'acquérir les intrants mais sans garantie que ceux-ci soient bien utilisés pour les caféières. L'évaluation de la qualité du café apporté par les producteurs au centre d'achat se fait « à l'œil » avant calibrage et densitométrie. Elle n'influence pas directement le prix, qui est fixé par l'opérateur selon des critères tenant compte de ses coûts globaux. La KNCU rémunère les sociétés primaires par lot en mélangeant la production de plusieurs fermiers avec, depuis 2002, une séparation effectuée « à vue » entre principalement deux niveaux de qualité : *parch one* payée, en 2002, 0,50 euro et *parch two* payée 0,30 euro. D'une manière générale, le petit producteur ne connaît pas la valeur réelle de sa production : les incitations à la qualité sont donc faibles.

La position des petits producteurs reste pragmatique, même s'ils apprécient la concurrence entre acheteurs, qui parfois fait grimper les prix. S'ils ont besoin d'argent immédiatement, ils vont chez les privés ; sinon ils restent fidèles à la coopérative. Comme l'expliquait un fermier des hauts de Mbokomu : « Quand tu as des parents qui ont une maison et que tu vas voir quelqu'un d'autre qui n'a pas une belle maison… cela fait problème ! Les opérateurs privés te disent : Au revoir, au revoir Bwana !… on se reverra peut-être l'année prochaine ». La KNCU paie moins bien mais garde sa fonction symbolique d'environnement social et sécuritaire que les paysans apprécient dans un contexte précaire. D'une manière générale, le petit producteur reste cantonné dans le secteur de la production et n'a aucune possibilité d'investir de nouveaux segments de la filière de transformation et de commercialisation. Beaucoup ne connaissent même pas le prix du café vendu à Moshi au pied de la montagne. Le processus de relance ne fait que confirmer leur dépendance.

Défense du produit et logique territoriale

Une grande indétermination demeure quant à la réorganisation d'ensemble de la filière. Cette réorganisation supposerait un véritable partenariat entre tous les acteurs pour la promotion et l'identification du produit sur les marchés de spécialité. Tel est pourtant l'objectif poursuivi par chaque opérateur, mais de façon encore contradictoire dans un climat de suspicion réciproque.

Le produit « café du Kilimandjaro » reste encore mal identifié dans son origine géographique. L'appellation « Kilimandjaro » correspond à un certain standard de qualité, mais le café peut aussi bien provenir des régions sud du pays ou de la région voisine d'Arusha que du Kilimandjaro lui-même. A l'intérieur même de l'aire de la montagne, la provenance (de tel ou tel *estate* ou de telle ou telle coopérative de base) n'est pas indiquée sur les lots vendus aux enchères, bien que le Coffee Board se déclare prêt à le faire. Mais là n'est pas le problème principal.

La question centrale est bien celle de la reconstruction de réseaux locaux qui ne seront efficients que si une véritable solidarité se crée entre tous les acteurs : Coffee Board, opérateurs privés, union des coopératives, coopératives de base et petits producteurs. Ces réseaux devraient permettre en particulier aux petits producteurs de s'inscrire dans de nouvelles trajectoires de promotion sociale. Cela demande d'importants investissements pour améliorer la professionnalisation des fermiers et mieux prendre en compte leur environnement global. L'Etat s'est déjà désengagé d'un tel rôle. Le secteur coopératif n'a pas les ressources financières pour assurer ce rôle traditionnel. Les opérateurs privés sont dépendants de leurs objectifs de rentabilité imposés par le marché et qui n'intègrent pas ce type d'investissement : ils s'appuient essentiellement sur la redynamisation des grandes plantations. Par ailleurs, comme le dit très clairement le directeur de Tchibo *estate* : « Nous ne pouvons pas nous substituer au ministère de l'Agriculture », ce qui revient à dire que les compagnies étrangères n'ont ni l'intention, ni le savoir-faire pour travailler dans un intérêt commun avec les petits producteurs.

La dynamique territoriale paraît, dans le contexte actuel, la seule capable de redynamiser l'ensemble de la filière locale. Elle suppose que la valorisation des ressources propres de l'espace montagnard soit assurée par l'intégration de toutes les logiques particulières qui concourent aujourd'hui à produire, à traiter et à exporter le café du Kilimandjaro. Ce qui suppose à la fois un important effort d'organisation et l'existence de mécanismes de régulation aptes à redistribuer de façon équitable les revenus du café.

Conclusion

L'ensemble des blocages évoqués ici montre que la relance de la caféiculture au Kilimandjaro telle qu'elle a été définie relève d'une vision incomplète de la situation. En particulier, la dimension sociale de la relation entre la population et son territoire n'a pas été prise en compte. Le temps presse pour le café du Kilimandjaro et le traitement de choc qu'impose la situation actuelle nécessite une action combinée des acteurs publics et privés. Il n'entre cependant dans la tradition ni des uns ni des autres. Les vestiges du territoire portent les stigmates d'une conception coloniale du lien entre produit, filière et territoire, avec laquelle il s'agit de rompre. Les vertiges du marché libéral n'offrent pas la stabilité nécessaire à des politiques menées sur le long terme et désorientent plus qu'ils n'assurent la démarche des producteurs. Les nouvelles formes de la concurrence territoriale sont pourtant l'occasion de redéfinir l'architecture des relations qui déterminent l'originalité et la compétitivité d'un territoire riche en ressources naturelles et humaines. Elles appellent une revalorisation des individus et de la communauté qui restent garants de la fertilité des terroirs de production. Elles engagent les forces transnationales à redéfinir, pour leur propre réussite, leur inscription au lieu.

Références bibliographiques

Charlery de la Masselière B., 2003. Entre hauts et bas : les estates du Kilimandjaro à la recherche du temps perdu. *In* : Bart F., Mbonile D.J., Devenne F., Kilimandjaro. Presses universitaires de Bordeaux (à paraître).

Devenne F., 1998. La caféiculture au Kilimandjaro (Tanzanie) : une affaire d'homme. *In* : Bart F., Charlery de la Masselière B., Calas B. (dir.), Caféicultures d'Afrique orientale : territoires, enjeux et politiques. Paris, France, Karthala-IFRA, p. 217-267.

Haubert M., 1999. L'application des politiques libérales dans le secteur agraire et le rôle des paysans comme entrepreneurs. Revue tiers monde, 40 (157) : 99.

Hergès, 1992. L'Armagnac, un produit, un pays. Toulouse, France, PUM, p. 20.

Herniaux-Nicolas D., 1999. Fondements territoriaux du libéralisme contemporain. Revue tiers monde, 40 (157) : 107-120.

Lefroy J., 2000. The future of coffee growing on Kilimandjaro. The Ice Cap, The Journal of the Kilimandjaro Mountain Club, 9 : 96.

Martin D.C., 1988. Tanzanie, l'invention d'une culture politique. Paris, France, Presses de la Fondation nationale des sciences politiques-Karthala.

Le café à Cuba :
rente pour l'Etat ou source
de revenus du planteur ?

Denise Douzant-Rosenfeld

Le café reste à Cuba la culture par excellence des montagnes et de leur peuplement, même s'il s'agit, à l'échelle nationale et internationale, d'une culture d'exportation de second rang – loin derrière la canne à sucre, le tabac et les agrumes – qui n'est cependant aucunement délaissée. Ce secteur est caractérisé par l'omniprésence de l'Etat à tous les stades de la filière, par le partage de la production entre les petits producteurs, par l'existence de coopératives de production et d'un secteur étatique (aujourd'hui largement transformé en nouvelles coopératives) et surtout par les fluctuations de la production au cours des dix dernières années. En dépit de réformes d'envergure dans la distribution des terres et de débouchés à l'exportation assurés pour la production d'Arabica de qualité, la filière peine à « récupérer » un volume de production à la hauteur des espérances. Cette situation est d'autant plus paradoxale que la consommation de café est devenue l'un des traits constitutifs de la cubanité, renforcée par la déferlante touristique qui envahit l'île et réclame son café au même titre que son rhum, voire son cigare.

En dépit d'une évolution atypique par rapport aux autres pays producteurs d'Amérique latine (monopole public de la filière du café et étatisation d'une partie des exploitations caféières), Cuba se trouve confronté, comme eux, à l'insertion dans un marché mondial où les accords internationaux du café ont disparu. Ce n'est pourtant pas à ce niveau que résident les plus grandes difficultés, car Cuba avait déjà ses acheteurs auprès du Japon ou des pays de l'Union européenne, consommateurs de café *suave* : le problème est essentiellement lié à une production insuffisante, talon d'Achille des agricultures socialistes en général.

Ce chapitre décrit la crise caféière de la « période spéciale » – politique d'ajustement mise en place depuis la chute du mur de Berlin – et tente d'expliquer les raisons de son approfondissement. Nous verrons que tous les efforts étatiques de relance restent vains s'ils ne considèrent que l'accroissement de la rente caféière pour l'Etat en négligeant l'amélioration des revenus, et donc des conditions de vie, des planteurs.

Une culture vieille de 250 ans

Développé à Cuba sous l'impulsion des colons français et de leurs esclaves chassés par la révolution haïtienne à la fin du XVIIIe siècle, le café a connu dans l'île son premier apogée en 1833, avec une production record de 29 500 tonnes, avant de subir la concurrence des plantations de canne à sucre et de s'étioler (Roux, 1998). La première relance du secteur caféier se situe pendant la période républicaine (1920-1950), grâce à un certain protectionnisme public et grâce à l'appui fourni aux moyens et aux petits producteurs. Ceux-ci ont planté généreusement, surtout dans les montagnes orientales et centrales, donnant à la caféiculture cubaine les traits qu'elle a gardés aujourd'hui, à savoir trois zones de production correspondant aux zones montagneuses : les sierras de l'Oriente (83 % des plantations en 1995, dont 60 % pour le secteur privé), le massif central de Guamuhaya-Escambray (13 %, dont l'essentiel dans le secteur étatique) et les sierras de l'Occidente (4 %, Rosario et Vinales). La récolte historique a culminé en 1956 avec 54 300 tonnes.

La révolution socialiste a hérité de plantations récentes, travaillées par des petits producteurs souvent en situation précaire, qui sont devenus les meilleurs appuis de la guérilla dans les montagnes, ce qui explique la bonne récolte de 1962 avec 51 000 tonnes. Ce record de la période socialiste ne sera jamais égalé. Si les paysans précaires bénéficient de la réforme agraire, qui leur octroie un titre de propriété en dessous de 67 hectares, dès 1964-1965 la production s'effondre pour atteindre l'abîme en 1978 avec 14 900 tonnes. En effet, la contre-révolution dans les massifs montagneux a vidé de leurs populations ces montagnes et les zones caféières associées, qui ne pourront plus se repeupler. En Oriente, l'émigration des paysans révolutionnaires appelés à d'autres tâches dans les diverses métropoles régionales en croissance privent très vite la caféiculture de la main-d'œuvre familiale indispensable. La décennie 60 est aussi marquée par la nationalisation de la filière et par la reconnaissance du rôle de la petite paysannerie à côté des nouvelles grandes fermes d'Etat. Toutefois, l'exode rural aboutit rapidement à la réduction du nombre des petits producteurs, à la baisse de la production et à l'intervention accrue du secteur public, qui manquait de main-d'œuvre et affichait les rendements les plus faibles, en particulier dans la sierra de l'Escambray, devenue une vaste caféière d'Etat.

Dés les années 70, après l'échec de « la *zafra* des 10 millions », qui avait mobilisé en vain toute la population de l'île pour battre le record de la récolte de canne à sucre, l'agriculture manque de bras. La mobilisation des jeunes et des travailleurs des villes est organisée pour la récolte du café ou d'autres produits d'exportation, comme les agrumes, le tabac ou le sucre. Par la suite, la politique d'implantation des collèges et des lycées à la campagne officialise l'emploi de la main-d'œuvre scolaire selon le principe, attribué au héros national José Marti, d'une liaison entre l'enseignement et le travail productif. Cette politique de scolarisation massive, accompagnée de bourses pour les enfants des villes, n'a, semble-t-il, pas suscité de vocations nouvelles pour le travail de la terre, hormis pour les métiers de techniciens, d'agronomes ou de conducteurs de tracteurs. Les enfants de paysans n'ont pas pris la succession de leurs parents, mais font leur fierté en devenant médecins, ingénieurs ou enseignants.

Après une première relance de la caféiculture socialiste à la fin des années 70, le Plan de développement des montagnes est appliqué par l'Etat à partir de 1987, en s'appuyant sur les jeunes du contingent mobilisés pour défricher et planter. Une certaine relance de la production est observée grâce à la rénovation des caféières et à l'introduction de nouvelles variétés adaptées à un modèle intensif de type colombien. Elle bute dès 1991 sur l'effondrement de l'économie consécutive à la disparition du COMECON, le conseil d'aide économique mutuelle. Cette dernière décennie a été marquée par le Plan de développement intégré de la montagne, ou Plan Turquino.

La relance caféière malmenée par la crise

Le Plan Turquino, du nom du plus haut sommet du pays (1 974 mètres) dans la sierra Maestra, a été mis en œuvre en 1987. Il s'inscrivait dans le cadre plus général d'une « politique de rectification des erreurs », destinée à lutter contre les dérives non socialistes des entreprises, mais aussi à recentrer les ressources et les moyens au niveau du groupe dirigeant présidé par Fidel Castro. La figure emblématique de Che Guevara est alors affichée comme symbole du désintéressement monétaire et comme incitation morale, tandis que la presse soviétique de la glastnost est censurée. Ce recentrage sera utilisé dès 1990 pour lutter contre les effets désastreux de l'arrêt du commerce de troc entre Cuba et les pays « frères ». On l'appellera « la période spéciale en temps de paix », c'est-à-dire l'application d'un plan de guerre contre les pénuries de toutes sortes et contre les effets accrus de l'embargo américain : en réalité une politique d'ajustement draconienne.

Des objectifs ambitieux

Le Plan Turquino a affiché des objectifs ambitieux (Nunez-Hernandez et Martinez, 1998) pour développer économiquement la montagne en sauvegardant l'environnement : retenir la population rurale dans des zones jugées stratégiques pour la sécurité de l'île et donc stopper l'exode rural ; développer les services publics aux populations dispersées ; accroître les ressources des habitants dans l'optique d'un développement durable. Aux altitudes moyennes, la caféiculture est jugée prioritaire dans le cadre de ce projet : elle est bien implantée dans l'île, elle protège le couvert forestier même sur forte pente et fournit au pays des ressources en devises. Enfin, la caféiculture emploie beaucoup de main-d'œuvre et doit donc pouvoir offrir une activité à une grande partie de la population rurale. L'Etat s'engage à moderniser les plantations pour accroître les rendements.

Les petits paysans cultivent encore en majorité la variété traditionnelle Typica qui présente l'avantage d'être robuste et de nécessiter peu d'intrants. De plus, cette variété supporte la complantation avec des arbres fruitiers ou des tubercules, qui complètent l'alimentation ou les revenus des petits producteurs. Dans le secteur étatique, en revanche, les variétés modernes sont majoritairement cultivées, le plus souvent en monoculture.

Des acteurs inattendus

La relance de la production caféière comprend deux volets. Le premier concerne la rénovation des plantations dans les exploitations étatiques ou privées, avec le personnel qui s'y trouve, à partir de la promotion de différentes techniques : taille systématique, redensification avec des plants produits en pépinières, contrôle de l'ombrage, barrières de protection anti-érosion... Le secteur caféier public envoie des vulgarisateurs partout, mais assiste plus particulièrement le secteur étatique, qui représente, en 1989, 45,8 % des surfaces plantées et fournit plus de la moitié de la production. Les entreprises d'Etat sont restructurées en EMA (entreprises municipales agricoles, une par *municipe*), elles-mêmes divisées en UBP (unités de production de base) spécialisées. Les UBP caféières sont dites en technique accélérée lorsqu'elles entrent en rénovation. Ces UBP en rénovation regroupaient au total 21 500 ouvriers agricoles, à raison de 2,3 travailleurs par hectare en moyenne, et se situaient, pour 75 %, en Oriente et, pour 18 %, dans la sierra de l'Escambray. Le deuxième volet concerne le front pionnier d'extension caféière confié à l'armée, qui fait une entrée en force dans la production agricole. Après sélection des nouvelles zones à planter, le contingent à base de conscrits recrutés en zone de montagne au sein de l'EJT (jeune armée du travail) crée de nouvelles plantations après défrichage. Pour accueillir ces nouveaux acteurs, 143 campements sont programmés : 60 % dans les montagnes orientales et 34 % dans les montagnes centrales (Nunez-Hernandez et Martinez, 1998). L'objectif est aussi d'inciter les conscrits à se convertir en nouveaux producteurs et à rester sur place, dans les nouvelles UBP ainsi constituées. Redensification et création de nouvelles plantations sont menées en introduisant des variétés hautement productives, utilisées en Colombie ou en Amérique centrale selon un système intensif : variétés Caturra, Catuai, Isla et Mundo Novo.

Dès 1989, on compte 27 000 hectares de plantations supplémentaires, qui s'ajoutent aux 111 518 hectares comptabilisés en 1987, dont une partie est cependant en veille. La présence de ces nouvelles plantations, de même que l'intense campagne de mobilisation de la jeunesse scolarisée, explique la bonne production de 1990-1991, qui atteint 31 000 tonnes. Cette flambée sera pourtant éphémère et s'éteindra sous le coup des pénuries de la période spéciale. En effet, les intrants chimiques attendus n'arrivent plus et les ouvriers agricoles ont faim. Le modèle de la révolution verte à peine implanté à grands frais s'écroule faute de carburants et d'intrants.

L'effondrement de la production

Dès 1992, la production passe sous la barre des 24 000 tonnes et touche le fond de l'abîme en 1998 avec 13 500 tonnes. Les producteurs privés, étranglés par les pénuries, atténuent la crise en détournant une partie du précieux grain vers les circuits florissants du marché noir. En revanche, les ouvriers agricoles des EMA et les membres des CPA (coopératives de production agricole) n'ont pas cette possibilité. Les EMA sont victimes de leur gigantisme, étranglées par la multiplicité de leurs tâches et les pénuries de main-d'œuvre et d'intrants importés. Leur parc de machines et de camions est immobilisé faute de carburant et de pièces détachées. Les UBP caféières n'ont pu « relier réellement le travailleur à la terre », slogan qui avait présidé à leur mise en place. Les EMA n'ont jamais produit de nourriture pour leurs ouvriers, contrairement aux CPA et, bien sûr, aux paysans indépendants, et le ravitaillement de l'Etat n'arrive plus.

Les CPA, issues du regroupement de petits producteurs indépendants à la fin des années 70, n'ont plus au début des années 90 le même dynamisme. Les paysans « fournisseurs de terres » et de savoir-faire ont pris leur retraite et leurs enfants n'ont pas choisi le métier d'agriculteur.

C'est un sauve-qui-peut à tous les niveaux de la production et de la filière de traitement. Cuba ne peut satisfaire ses engagements à l'exportation, alors que la part réservée à la population est loin de répondre à la demande, pourtant rationnée. L'effondrement de la production agricole est généralisé, aussi bien pour les denrées d'exportation, comme le sucre ou les agrumes, que pour les vivres et les légumes réclamés par une population au bord de la disette, qui ne bénéficie plus des importations traditionnelles d'aliments issues du COMECON, qui couvraient plus de 50 % de ses besoins. Le livret de rationnement n'est plus suffisamment fourni. Le plan alimentaire (1990-1993) réquisitionne la main-d'œuvre des villes pour produire dans les champs proches, mais ne parvient pas à combler les immenses besoins en produits frais. Le pouvoir central finit par décider de changer la taille et le modèle des entreprises agricoles et d'élevage. C'est la troisième réforme agraire.

La difficile application de la troisième réforme agraire

La nouvelle réforme agraire est appliquée à l'automne 1993 dans la foulée de l'autorisation donnée aux Cubains d'utiliser librement le dollar, monnaie étalon jusqu'alors officieuse. Cette réforme comporte également deux volets : démantèlement des fermes d'Etat en nouvelles formes de coopératives et distribution de terres en usufruit à des producteurs individuels. De plus, la filière du café est totalement réorganisée.

Le meilleur modèle : entreprise d'Etat ou coopérative ?

Pour différentes raisons, la réforme ne s'applique que très lentement dans le massif de Guamuhaya et l'Occidente. En revanche, elle s'applique avec profit dans les UBP du *municipe* de Vinales (UBP coopératives d'El Moncada et de Valle Ancon) et dans un certain nombre d'EMA des montagnes orientales (Segundo Frente, Tercer Frente…). Les UBP caféières se transforment donc en nouvelles UBP coopératives et restent encore très dépendantes de l'entreprise mère pour la filière du café, l'approvisionnement en intrants, les débouchés… Elles gagnent cependant en autonomie pour l'organisation interne du travail et la répartition des bénéfices. Surtout, elles s'empressent de mettre en place un secteur collectif de production vivrière pour les travailleurs de l'UBP coopérative et leur famille. Lorsque ce secteur fonctionne bien, la main-d'œuvre se stabilise et même augmente.

Il manque cependant un élément fondamental à cette transformation des fermes d'Etat en coopérative : le relèvement du prix payé au producteur. Cela explique que les coopératives contribueront plus au bien-être général des coopérateurs qu'au relèvement de la production nationale.

Les usufruitiers individuels : de nouveaux paysans ?

L'autre volet de la réforme agraire concerne la distribution de terres en usufruit à des producteurs individuels, à condition que ceux-ci s'installent en famille et prennent en charge les plantations de caféiers délaissées. Les candidats ne sont pas si nombreux, mais l'Etat les aide concrètement à s'installer dans des zones qui restent isolées et mal desservies. En 1999, on compte 8 500 nouvelles familles de caféiculteurs et près de 45 000 hectares distribués. Les caféières sont issues des EMA ou des CPA. Les nouveaux producteurs sont organisés en CPA et moins souvent en CCS (coopérative de crédit et service). Ils manifestent généralement un enthousiasme supérieur à celui des producteurs traditionnels en CCS ou des travailleurs des UBP coopératives, où les situations sont contrastées.

La réorganisation de la filière industrielle

La filière du café a traditionnellement été organisée autour du groupe Cubacafé, qui gérait, au sein du ministère de l'Agriculture, la collecte, le traitement, la sélection, l'usinage et la répartition de la production entre production locale et production pour l'exportation. Cubaexport gère désormais l'import-export en devises (exportation de café vert et importation d'intrants pour l'agriculture) en accord avec le groupe agro-industriel du café, qui remplace Cubacafé. La formation annuelle des prix reste relativement obscure car elle est déconnectée du marché international du café et souvent annoncée en fin de campagne.

Le groupe agro-industriel du café gère un parc d'unités de café lavé à l'échelon local, dont les machines datent pour la plupart d'avant la révolution, en particulier dans les provinces orientales. Ces machines utilisent en moyenne 40 litres d'eau par kilo contre 1 à 2 litres pour les machines récentes achetées à la Colombie. Les cerises sont traitées majoritairement par voie humide dans 380 centres de traitement primaires, dispersés au plus près des zones de production. Le café parche est ensuite séché dans 33 centres de traitement. Il est finalement conditionné dans 4 grandes usines situées près des ports d'embarquement (Nunez-Hernandez et Martinez, 1998). Le transport est assuré par des mules ou des attelages de bœufs, car le parc de camions a des problèmes de maintenance et de renouvellement.

L'accent est mis sur la qualité à tous les niveaux, avec en particulier l'augmentation du nombre de goûteurs. La production reste toutefois hétérogène et la sélection se fait après coup selon la taille du grain. La cueillette des fruits mûrs nécessiterait plusieurs passages de récolte, inapplicables faute de main-d'œuvre et de productivité. Seules les unités les mieux gérées, comme dans les UBP coopératives de la région de Vinales, sensibilisent correctement les cueilleuses professionnelles et les jeunes scolarisés. Le café de mauvaise qualité (récolté vert ou en mélange) est réservé à la consommation locale, où il se retrouvera mélangé à d'autres grains et écoulé dans les circuits d'Etat.

Les estimations de récolte sont effectuées au début de la campagne et les producteurs s'engagent par contrats annuels avec les collecteurs locaux de l'organisme d'Etat, Acopio. Les stations de vulgarisation et les techniciens qui encadrent la production contrôlent surtout cette remise des quotas à la filière, alors que le marché noir est un redoutable concurrent.

Depuis 1996, avec l'introduction de capitaux étrangers, des entreprises mixtes ont investi pour construire ou relancer des usines de torréfaction. Cette politique, encouragée par l'Etat, montre la volonté de ce dernier de mieux capter la rente caféière en plus des exportations traditionnelles de café vert. La marque Cubita n'est plus la seule à approvisionner en café traité les boutiques en dollars. Les marques Serrano et Turquino voient le jour, tandis que l'ancienne marque Indiana est relancée. En 1999, on trouve ces quatre marques à Cuba même au détail en devises, à 13 euros le kilo. Elles sont achetées par les quelque deux millions de touristes qui visitent Cuba chaque année, mais aussi par les Cubains qui n'ont pourtant pas le même pouvoir d'achat.

A la recherche
de la « récupération caféière »

Depuis 1996, les responsables de la filière au ministère de l'Agriculture mettent l'accent sur la « récupération caféière », mais la production et l'exportation ont plutôt tendance à diminuer (figure 1). Malgré le large renouvellement des plantations, les 134 000 hectares officiellement recensés ne sont certainement pas tous exploités.

La production cubaine est traditionnellement caractérisée par de faibles rendements, dont la moyenne ne reflète pas l'extrême diversité des situations locales. Avant la période spéciale, les rendements moyens oscillaient entre 50 et 100 quintaux de café vert par *caballería* (1 *caballería* = 13,4 hectares) et pouvaient atteindre 200 à 300 quintaux les bonnes années dans les unités les mieux gérées. Les rendements ont encore baissé ces dernières années et sont loin d'atteindre l'objectif revendiqué de 0,5 tonne par hectare. Le ministre des Armées n'a-t-il pas félicité l'EJT pour avoir clôturé la campagne de 1997 avec le rendement de 83 quintaux par *caballería* (environ 0,6 tonnes à l'hectare) ?

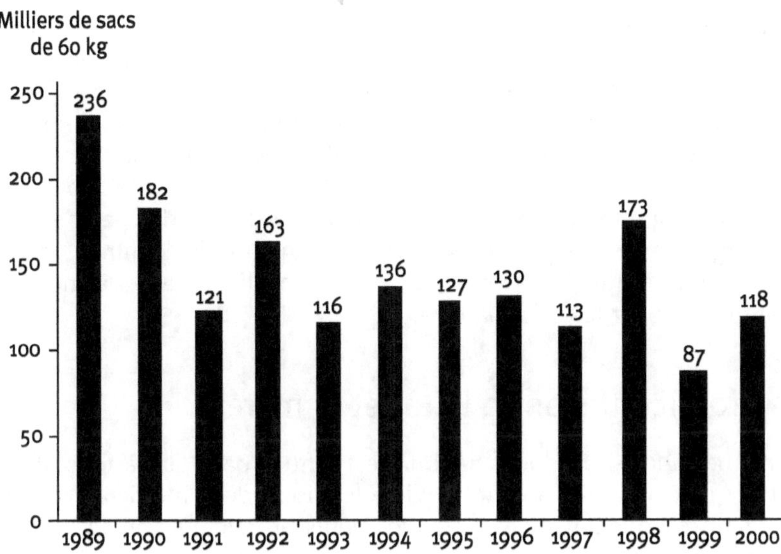

Figure 1. Exportations de café cubain, de 1989 à 2000 (d'après R. Acuna, université de Pinar del Rio, Cuba).

Les raisons de ces faibles rendements sont multiples, mais les spécialistes insistent sur les facteurs suivants : manque d'entretien, d'intrants et de main-d'œuvre, faible productivité de la main-d'œuvre, pertes après la récolte. On peut y ajouter les détournements de production vers le marché noir, évalués entre 20 et 30 % de la production (Douzant-Rosenfeld et Tulet, 1998).

L'exportation favorisée et le marché intérieur négligé

Les responsables de la filière ont pour objectif de disposer d'un volume de produit suffisant pour honorer les exportations de qualité et approvisionner les nouvelles usines de l'île pour le marché solvable. Les pays d'Europe et le Japon absorbent les deux tiers de la production collectée par l'Etat. En l'absence de stocks, des importations de café Robusta sont aujourd'hui nécessaires pour approvisionner le marché intérieur.

Le massif de Guamuhaya est favorable à la production d'un café de qualité en raison de ses sols cristallins et d'une pluviométrie optimale. Depuis une dizaine d'années, un label « Crystal Mountain » est d'ailleurs développé sur le modèle du Blue Mountain de Jamaïque, très coté au Japon. Nouveau et plus économique que son concurrent, le Crystal Mountain a vite pris des parts du marché japonais. Les nouvelles appellations (environ une dizaine en fonction de la grosseur des grains) trouvent également preneurs, en particulier auprès de la firme française Legal.

La possibilité de produire du café biologique n'est évoquée que par les chercheurs, alors que les conditions requises pour la production d'un tel café sont de fait imposées par les pénuries de la période spéciale. Beaucoup de caféières fonctionnent aujourd'hui sans engrais chimiques, mais la plupart des producteurs, peu informés sur le café biologique, n'aspirent qu'à retrouver l'accès aux intrants « modernes ». Le mouvement de café biologique dans les pays voisins est porté par des petits producteurs, organisés en coopératives, libres de conclure des contrats de vente à l'extérieur, ce qui n'est pas le cas à Cuba, où l'Etat garde le monopole sur la filière et sur les informations.

Les producteurs entre l'Etat et le marché

Un même modèle productif national est diffusé par l'Etat à tous les producteurs de café, qu'ils soient individuels (moins de la moitié aujourd'hui) ou organisés collectivement. Seuls les petits producteurs en CCS conservent leur autonomie de gestion, de temps, d'organisation productive, mais ils sont souvent âgés et sans successeurs. Ils assurent d'abord l'autoconsommation familiale, la production caféière ne venant qu'après, faute d'encouragements monétaires. La vente de café est par ailleurs interdite sur les nouveaux marchés libres paysans, alors que celle des surplus vivriers est autorisée : fruits, racines, légumes, viande de porc, volailles… Ces marchés libres peuvent offrir des prix dix fois supérieurs à ceux de la collecte d'Etat.

Le prix d'achat public du café à la ferme est resté faible jusqu'à la campagne de 1999-2000 : 8 pesos par *lata* (1 *lata* = 14 livres = 4,4 kilos de café vert), soit 0,20 euro par kilo. Une bonne cueilleuse faisant 3 *latas* par jour était rémunérée 24 pesos par jour, soit environ 500 pesos par mois de récolte (le salaire mensuel moyen en ville est de 200 pesos), soit 20 euros mensuels. Le quintal de 45 kilos de café vert était donc acheté 80 pesos. Le producteur individuel devait produire au moins 250 quintaux par campagne pour avoir un revenu décent.

Le producteur est très peu rémunéré par rapport aux autres niveaux de la filière. Le café moulu est vendu au détail dans une boutique d'Etat près de 13 euros le kilo (contre 7-8 euros en France), alors que le prix de gros international était à la même époque aux alentours de 2 euros le kilo. L'industrie du café à Cuba et le commerce intérieur en devises récupèrent la majeure partie de la plus-value du produit. Les prix de détail au marché noir étaient d'environ 35-40 pesos la livre (4 euros le kilo), soit le tiers du prix des boutiques d'Etat, ce qui peut expliquer l'activité de ce marché.

Les producteurs reçoivent également une prime au quintal, versée en bons d'achat, qui peuvent être stockés et dépensés dans des boutiques spéciales installées dans les UBP coopératives *(tiendas de estimulo)*. Les travailleurs concernés répondent dans les enquêtes qu'ils préféreraient une rémunération en devises fortes, qui leur permettrait d'accéder à toutes les boutiques en dollars, généralement mieux approvisionnées. Ceux de l'UBP coopérative d'El Moncada, qui ont le privilège de cultiver à la fois du tabac et du café et reçoivent pour le tabac un quota de paiement en dollars, sont les plus productifs de leur province.

Les frustrations des consommateurs

Les consommateurs cubains – plus de 11 millions de personnes – apprécient généralement le « petit noir » mais ne trouvent pas dans le carnet de rationnement la quantité de café dont ils ont besoin. Un marché illégal se développe donc pour les petits producteurs privés.

De plus, l'afflux récent de touristes étrangers qui paient en liquide et en dollars concurrence aujourd'hui l'approvisionnement interne de la population en monnaie locale. Divers mélanges « fortement torréfiés à la cubaine » permettent, avec l'adjonction du sucre, de n'introduire dans la boisson servie qu'une faible proportion de véritables grains de café (entre 20 et 40 %).

Conclusion

La culture caféière, comme les autres cultures cubaines, doit relever deux défis : produire davantage et assurer sa reproduction. Comme dans beaucoup de pays producteurs de café, ce produit est davantage considéré par l'Etat comme une rente à l'échelle nationale que comme une source de revenu pour le planteur. A Cuba, élément supplémentaire atypique, le consommateur souffre d'une pénurie de café sur le marché intérieur.

Les producteurs ont jusqu'à présent bien peu profité de la plus-value engendrée par le tourisme, même si le prix d'achat à la ferme des cerises a doublé depuis l'an 2000. Un prix d'achat à la ferme en devises, comme celui qui a été mis en place avec succès pour le tabac, serait un moyen efficace et rapide pour augmenter les rendements, mais cela impliquerait de toucher à des intérêts bien défendus à d'autres stades de la filière : traitement, agro-industrie, export-import.

Les intérêts sont donc contradictoires entre, d'une part, les investissements publics destinés rénover les plantations (Plan Turquino…) et les efforts réalisés pour distribuer des caféières à des familles paysannes et, d'autre part, la politique de prix à la ferme pratiquée par la filière agro-industrielle du café. Contrairement à la plupart des producteurs de café d'Amérique latine, les producteurs cubains ont une rémunération indépendante du cours international. Même si le caféiculteur est sûr d'écouler son produit, aucune motivation ne l'incite à investir en travail pour produire plus, car cela n'améliorerait pas sensiblement ses revenus et donc ses conditions de vie. Les agriculteurs préfèrent souvent se tourner vers des cultures plus rémunératrices et moins dévoreuses de main-d'œuvre, comme le vivrier.

Cependant, même dans ces conditions difficiles, quelques espoirs permettent de rester raisonnablement optimiste pour l'avenir :
– le marché du café biologique pourrait être prospecté par les producteurs cubains car les conditions sont propices à une telle production. Il faut pour cela informer les caféiculteurs et organiser la filière ;
– la politique cubaine du « tout-Etat » tend à s'assouplir quelque peu. Symboliquement, les coopératives issues du Plan Turquino en lieu et place des anciennes fermes d'Etat ont connu un relatif succès ;
– le paiement du café en devises et non en bons, revendication principale des caféiculteurs, semble enfin pouvoir trouver un écho favorable dans la filière ;
– enfin, et ce n'est pas le moindre atout, les caféiculteurs cubains sont toujours fiers de leur café. Pour peu qu'ils soient justement rémunérés, ils sont prêts à faire des efforts pour produire « le meilleur café du monde », ce café Arabica de qualité *suave* cubaine si bien coté sur les marchés extérieurs et touristiques.

Références bibliographiques

Douzant-Rosenfeld D., Tulet J.C., 1998. Une transition incertaine : observations sur la caféiculture cubaine. Géodoc, 48 : 69-92.

Nunez-Hernandez I., Martinez J.M., 1998. Transformations dans l'économie de montagne : Plan Turquino et caféiculture (1987-1994). Géodoc, 48 : 39-44.

Roux M., 1998. Eléments pour une problématique du café à Cuba. Géodoc, 48 : 7-21.

Tradition migratoire et valorisation des terroirs au Brésil

Pernette Grandjean

Avec une production annuelle moyenne de 32 millions de sacs, le Brésil est à la fois le premier producteur et le premier exportateur mondial de café. Ce produit a longtemps constitué l'un de ses produits phares et a largement participé à sa réputation de grand pays d'agriculture d'exportation. Cependant, le café brésilien n'a jamais été considéré comme un café de qualité et la production du pays est surtout utilisée sur le marché national comme une matière première et vendue en mélange *(blended)*. L'ensemble de la filière brésilienne tente depuis quelques années de modifier cette image d'un produit de masse de qualité passable.

Après les fortes turbulences de la fin des années 80, la filière du café, restructurée, a donné un rôle accru aux acteurs privés et une politique de qualité a été mise en place. Cette orientation, adoptée très tôt par certains producteurs, se diffuse lentement dans les différentes zones de production. Elle s'appuie principalement sur l'adoption d'itinéraires techniques respectueux de la qualité du café et sur l'utilisation de nouveaux instruments qui permettent de mieux distinguer les cafés de qualité et de les promouvoir. Parmi ces instruments, les marques et certifications d'origine sont utilisées depuis quelques années dans certaines zones de production et ont tendance à se multiplier, dans une démarche parfois ambiguë. Le certificat d'origine constitue l'aspect le plus novateur de l'évolution du café brésilien vers la qualité, mais il influence également le rapport des producteurs à l'espace cultivé. En effet, le certificat d'origine établit un lien durable entre un produit et un territoire, dans une optique qui va à l'encontre de la tradition de culture migrante, qui a longtemps caractérisé la culture caféière du Brésil.

Dans ce chapitre, nous cherchons à saisir la portée de l'évolution vers la qualité du secteur caféier brésilien et à en présenter les multiples modalités. Nous discuterons également la relation nouvelle que cette évolution peut établir entre le produit, les producteurs et les territoires.

L'orientation récente
vers une production de qualité

La recherche de qualité s'inscrit dans une démarche en rupture avec la tradition caféière du pays, qui a largement privilégié l'aspect spéculatif de la culture et négligé les aspects qualitatifs du produit. Cette optique commerciale est liée à la position dominante que le Brésil a longtemps occupée sur le marché international, mais a contribué à forger une image négative du café brésilien. La position dominante du Brésil a permis au gouvernement de mener une politique qui, quoique erratique, a toujours été déterminée par la recherche d'une valorisation du prix sur le marché international et le souci d'obtenir le maximum des recettes d'exportation. Cette politique jouait uniquement sur le volume de la production, que le gouvernement modulait par la rétention des quantités mises sur le marché ou le soutien de nouvelles plantations, dans les périodes de hausse des prix. La qualité de la production n'était pas prise en considération.

L'organisation du secteur caféier n'a pas favorisé non plus la qualité du produit. Jusqu'en 1990, l'Etat a effectué un contrôle strict de la filière du café par l'intermédiaire de l'institut brésilien du café. Les producteurs ont ainsi bénéficié d'un système assez large de protection leur permettant d'écouler intégralement leur production à un prix garanti, quelle que soit la qualité du produit, ce qui ne les a pas incités à améliorer les techniques de production et de récolte pour promouvoir la qualité : les cerises étaient souvent ramassées par terre, le mélange des grains de maturités différentes et le traitement par voie sèche étaient généralisés.

De même, les industriels, soucieux de minorer leur coût de production, se préoccupaient peu de la qualité. Il leur fallait en effet s'adapter au prix final du produit sur le marché interne, prix que l'Etat fixait à un niveau souvent suffisamment bas pour pouvoir écouler ses stocks sous le prétexte de stimuler la consommation interne. Le marché interne, alors peu segmenté, n'autorisait pas de grandes variations de prix.

L'évolution internationale du marché du café au cours des années 90 aura une influence sur les stratégies de production de café au Brésil, en particulier pour la qualité. Cette période est marquée par une libéralisation des marchés et une concurrence accrue avec de nouveaux pays producteurs, comme le Vietnam, ou des pays qui se positionnent sur le marché des cafés de qualité grâce à une politique agressive de promotion, comme la Colombie. Cette stratégie de qualité, que le Brésil a tardé à envisager, répond aux sollicitations de la demande internationale, plus diversifiée et plus segmentée qu'auparavant.

A l'échelle nationale, la période est marquée par l'effacement de la fonction régulatrice de l'Etat et les changements institutionnels importants qui l'ont accompagné, en particulier la suppression de l'institut brésilien du café. Dans le même temps, l'effondrement des prix consécutif à la chute des cours mondiaux a ébranlé les producteurs, qui, par ailleurs, ont de moins en moins bénéficié des modalités de financement accordées par un Etat, qui se retirait de la filière.

Ces évolutions ont provoqué la réaction du secteur caféier sur deux axes : un ajustement institutionnel modifiant la place et le rôle de certains acteurs de la filière et la mise en œuvre de nouvelles stratégies productives. Du point de vue institutionnel, les organismes coopératifs ont considérablement élargi leurs activités en prenant une part plus active dans la transformation et la commercialisation de la production. Les coopératives et les associations de producteurs sont ainsi devenues en quelques années des acteurs incontournables de la commercialisation, en relation directe avec les courtiers opérant sur les marchés interne et externe. Quelques fonctions autrefois assumées par l'Etat ont été reprises par différentes structures de droit privé, dont le poids dans la gestion de la filière est allé croissant. Parmi ces structures privées, une instance délibérative créée en 1996, le Conselho Deliberativo da Política do Café, coordonne les différents groupes d'intérêt du secteur et gère la politique commerciale en cogestion avec l'Etat.

Ces différentes structures ont, sans aucun doute, joué un rôle essentiel dans la redéfinition des stratégies productives. L'orientation vers une production de plus grande qualité, déjà suivie par quelques acteurs privés du secteur, devait se généraliser afin de répondre à la nouvelle donne du marché international. Le taux de croissance de la consommation des cafés spéciaux était supérieur à celui de la consommation globale. Les caractères très différenciés des productions brésiliennes pouvaient permettre au pays de s'inscrire sur divers segments du marché, tout en progressant considérablement dans le secteur des cafés de qualité sur lequel il était peu présent. Cette démarche devait donc commencer par la définition des marchés visés : marchés de masse, marchés des cafés expresso et marchés très étroits des cafés « gourmet ». Chacun de ces marchés demande une stratégie spécifique de production et de commercialisation. Les cafés de haute qualité produits dans le pays devaient faire l'objet d'un traitement spécifique pour cesser de subir l'effet négatif d'une image de production de masse. En ce sens, les opérations de marketing sont apparues comme un nécessaire accompagnement des améliorations apportées aux techniques de culture et de traitement.

Les acteurs et les moyens engagés dans la recherche de la qualité

Dans le secteur caféier, des acteurs toujours plus nombreux sont engagés dans la démarche qualité, mais cette orientation a d'abord résulté d'initiatives privées. Dans un marché plus libre, quelques acteurs ont pu mener une politique active de valorisation de la production par la qualité. Les orientations prises par les associations de producteurs de la région pionnière du Cerrado Mineiro, dans le Minas Gerais, apparaissent exemplaires de cette évolution. Ces structures associatives réunissent une majorité de producteurs moyens et grands, d'un niveau de formation élevé, qui ont cherché à valoriser la production régionale par la qualité. Un effort considérable a été fourni pour former les producteurs, pour les aider à adopter des techniques performantes et pour diffuser l'information. Ces actions ont été accompagnées d'une politique systématique et assez agressive de conquête de nouveaux marchés : participation à des foires internationales, à des concours de qualité, dont le fameux concours Illy caffé, spécialisé dans les cafés expresso, édition de bulletins publicitaires... Les producteurs de cette région ont ainsi créé, en 1991, une association brésilienne de producteurs de cafés spéciaux pour se placer sur le marché des cafés fins aux Etats-Unis. L'ensemble de ces actions est lié à la défense d'une production de haute qualité et repose sur une stratégie de commercialisation fondée sur la mise en place de filières directes d'exportation.

Cet exemple a été suivi, avec des modalités un peu différentes, par d'autres producteurs comme ceux de la région de São Paulo, appuyés par la chambre sectorielle du café mise en place par le secrétariat d'Etat de l'Agriculture. Les actions entreprises vont toutes dans le sens d'une amélioration de la qualité : entraînement des producteurs pour effectuer une cueillette respectueuse de la qualité du produit, création d'un concours de qualité pour le café de l'Etat de São Paulo, encadrement des producteurs de cette région dans le projet « café gourmet » de l'OIC (Organisation internationale du café), recherche de canaux d'exportation pour les cafés fins...

De même, certains industriels réunis dans le cadre de l'association brésilienne de l'industrie du café, ont engagé, depuis 1989, une opération de contrôle du café torréfié et moulu destiné au marché interne. L'imposition de normes de qualité et la lutte contre les pratiques frauduleuses, qui consistent à mélanger au café des produits de moindre valeur (miel, sucre, etc.), se sont concrétisées dans la mise en place d'un « certificat de pureté » *(selo de pureza)*, une des premières opérations de recherche de la qualité dans le système agro-industriel.

Depuis 1996, par le biais des actions menées au sein du Conselho Deliberativo de Política do Café, c'est une voie plus institutionnelle qui est suivie. Cette instance a ainsi engagé une vaste campagne de promotion, qui accompagne, par des actions de marketing, la politique de soutien à la production menée grâce aux financements du fonds du café (Funcafé).

L'ensemble des actions entreprises a donc été centré sur la qualité afin de requalifier la production brésilienne. Certes, la notion de qualité est extrêmement relative, quel que soit le secteur de l'agroalimentaire considéré. Pour le café, à l'instar des procédures existant pour le vin, on peut apprécier la qualité de la boisson selon des critères assez précis, liés à des attributs de la plante et du milieu de culture (espèce, variété, propriétés physiques du terroir comme l'altitude, l'humidité, l'ombrage, etc.). Pourtant, à côté de cette définition technique de la qualité, il existe une autre appréciation du produit, directement rattachée à sa plus ou moins grande conformité au goût des consommateurs, qui s'obtient grâce aux mélanges. Une grande part de la reconnaissance de la qualité est donc liée à une construction sociale. On mesure bien à quel point l'amélioration des opérations culturales et de première transformation du produit (semences sélectionnées, récolte plus soigneuse, adoption de la voie humide pour le traitement de postrécolte…) n'entre que pour une part dans les processus de qualification de la production. Le marketing fait le reste.

Le marketing est aujourd'hui considéré par l'ensemble des acteurs de la filière comme le complément indispensable des opérations de production et de commercialisation. Il consiste à créer de la valeur et à maintenir et garantir cette valeur tout au long de la chaîne de production en établissant un contrat tacite entre les producteurs, les industriels, les distributeurs et les détaillants. La définition de cette valeur s'appuie sur la création de marques, de noms, de reconnaissance de qualité, considérés comme d'indiscutables clés du succès. C'est dans cette optique que les acteurs de la filière du café au Brésil se sont lancés dans une politique de marques et, en suivant l'exemple de la viticulture européenne, dans l'octroi de certification d'origine.

Une nouvelle approche de la qualité

Au Brésil, l'approche de la qualité du café est restée jusqu'à la fin des années 90 essentiellement fondée sur une technique de classement du produit, qui reposait sur la taille, la couleur et la forme du grain et sur le décompte de certains défauts et ne tenait pas compte de la provenance géographique du produit.

Sans remettre en question cette classification traditionnelle, d'autres démarches fondées sur les appellations d'origine caféière se sont mises en place à partir de 1995. Le certificat d'origine définit des caractéristiques

du milieu physique (climat, structure et composition organique du sol...)
et du milieu humain (le savoir-faire des producteurs) qui sont nécessaires
à la fabrication du produit et lui confèrent sa spécificité. Parallèlement à
la délimitation de la région de production aux caractères physiques homogènes, il définit un ensemble de normes à respecter par les producteurs.
C'est pourquoi la mise au point d'un certificat d'origine requiert la mobilisation et l'union de l'ensemble des producteurs et négociants impliqués
dans cette démarche.

Au Brésil, cette démarche s'est rapidement diffusée à la fin de la décennie 90, non sans un certain flou dans le maniement des instruments de
classement. Les premières expériences viennent du gouvernement du
Minas Gerais, qui a créé quatre appellations correspondant aux quatre
grandes zones productrices de l'Etat, tout en reconnaissant la difficulté de
trouver un caractère spécifique du produit dans les zones ainsi identifiées.
En effet, cette délimitation, réalisée à petite échelle, se rapporte à des
espaces trop vastes, aux conditions climatiques et pédologiques trop
diverses pour permettre d'établir un lien entre la qualité du produit et la
zone d'appellation d'origine. D'autre part, l'hétérogénéité des structures
de production dans cette région (beaucoup de petites exploitations et une
multiplicité de structures de commercialisation) rend plus difficile l'homo-
généisation des conditions de production. Cette ambiguïté est mise à nu
par le comportement des grandes coopératives et de certains grands propriétaires du sud de l'Etat (Sul de Minas), qui commercialisent leur produit
sous leur propre marque sans utiliser le classement officiel par zone. C'est
le cas des grandes coopératives Guaxupé et Varginha, dont plus de 80 %
de la production sont constitués de cafés spéciaux destinés à l'exportation.
De même, la grande entreprise Ipanema Agricola, à Alfenas, exporte son
café de qualité sous la marque Ipanema Bourbon.

Parallèlement, les associations de producteurs de la région du Cerrado
Mineiro se sont employées à développer une marque commerciale de
café, la marque Café do Cerrado. Celle-ci ne se définit pas comme une
appellation d'origine, mais elle est néanmoins nettement fondée sur la
provenance géographique du produit. Cette marque concerne en effet le
café produit dans 48 *municipes,* qui présentent des conditions de production physiques et humaines très homogènes, avec des producteurs moyens
et grands récemment installés dans cet espace pionnier. Les bulletins du
conseil des associations de producteurs de la région du Cerrado insistent
d'ailleurs sur la production d'un café unique « qui ne peut être produit
dans d'autres régions ». On a bien là le discours classique appliqué à une
appellation d'origine, qui relie fondamentalement les caractères du produit à ceux du milieu physique et humain dont le produit est issu.

Vers une modification du rapport à l'espace

La démarche de certification d'origine établit un lien durable entre un territoire et la production qui y est implantée et s'oppose donc à la tradition de culture migrante de la culture brésilienne du café. En effet, l'histoire du café brésilien se confond avec la dynamique pionnière, qui a permis l'ouverture de nouvelles terres agricoles en structurant de nouveaux espaces. Certes, les zones de plantation ne se déplacent plus selon les mêmes modalités qu'au XIXᵉ siècle, néanmoins, la culture caféière reste aujourd'hui une culture migrante. Ainsi, depuis les années 70, la production, en forte diminution dans l'Etat du Paraná, se déplace dans des Etats situés plus au nord – Minas Gerais et Bahia – et, plus récemment, dans les Etats du Rondônia et de l'Acre.

Ces impressionnants déplacements des aires de production ont été influencés par de nombreux facteurs, aussi bien climatiques (gelées ou périodes de sécheresse) qu'économiques ou politiques (incitation de l'Etat à l'arrachage ou à la rénovation des plants). Le café est encore aujourd'hui conquérant sur des terres autrefois occupées par des cultures en retrait économique, comme le cacaoyer dans l'Etat de Bahia, ou sur des terres plus ou moins vouées à l'élevage extensif. Les conditions du marché de la décennie 90 ont certainement contribué à la poursuite de ces déplacements en poussant les producteurs des régions marginales – moins compétitives – à se tourner vers d'autres cultures plus rentables. Les prix actuels tendent à éliminer les producteurs qui ne peuvent consentir les investissements nécessaires pour garantir une production de plus haute qualité. De même, les grandes coopératives opérant dans ces aires ont accéléré ce mouvement en recherchant une plus nette diversification des productions.

Conclusion

Le recours à une démarche de certification d'origine s'accommode mal des déplacements de la culture et l'espace cultivé acquiert, dans cette optique, une signification nouvelle. Dans un système cultural migrant, l'espace offre surtout des moyens d'expansion appréciables à la culture et la possibilité d'obtenir une rente différentielle quelques années après l'installation de la plantation. Dans un système qui se stabilise, en particulier lorsque les corrections apportées à la structure et à la texture du sol et l'utilisation d'intrants modifient les conditions d'apparition d'une rente forêt, ce sont d'autres rentes, d'un type nouveau, qui gagnent un poids considérable. Il s'agit de certaines innovations dans le secteur agronomique comme dans les domaines de la gestion de la main-d'œuvre et de la commercialisation.

La recherche de la qualité et l'adaptation à des marchés exigeants accentuent le poids de ces innovations dans le fonctionnement du système caféier et modifient considérablement la signification attribuée à l'espace cultivé. A celui-ci sont reconnues des qualités physiques qui contribuent à la spécificité du produit et lui confèrent ses qualités gustatives. Bref, l'espace cultivé devient « terroir ». Le cas du Café do Cerrado est assez exemplaire de ce processus de qualification d'un territoire productif. Paradoxe pour une région pionnière encore fortement marquée, jusqu'à une époque récente, par l'instabilité des systèmes productifs.

Nouvel enjeu du développement de la caféiculture brésilienne, la valorisation du produit par la qualité modifie le rapport à la terre des producteurs ainsi que le poids des forces qui interagissent dans le système productif. La migration ne peut plus être l'élément fondamental dans son fonctionnement.

La crise d'un modèle : la Federación Nacional de Cafeteros de Colombia

Jean-Christian Tulet

La crise actuelle du marché du café affecte avant tout les pays producteurs. Avant 1989, selon des estimations rapportées par Nestor Osorio, directeur général de l'Organisation internationale du café[1], sur environ 30 milliards de dollars dépensés par les consommateurs de café, il en revenait plus de 10 milliards aux pays producteurs. En 2001, la consommation finale atteint 60 milliards de dollars. Mais de cette somme énorme, les pays producteurs ne reçoivent désormais plus que 5,5 milliards. Selon un économiste colombien, les prix externes du café, en dollars constants, n'ont jamais été aussi bas depuis 1821 (Pizano, 2001).

La situation est d'autant plus grave que le café demeure, en dépit de la diminution de son importance relative dans l'économie de certains grands pays producteurs, l'une des ressources fondamentales du monde latino-américain, avec des millions d'hectares de plantations, produisant près des deux tiers de la production mondiale (Tulet *et al.*, 1994). Son importance va d'ailleurs au-delà d'une simple ressource. La caféiculture structure des milieux ruraux parmi les plus solides. Les producteurs sont nombreux (un million et demi d'exploitations), en général bien organisés et le plus souvent très attachés à leur plantation, au point de constituer un milieu, une culture spécifique (IPEALT, 1993).

La crise des prix du café touche donc les pays dans leur structure profonde, au point de contribuer à les déstabiliser, ce qui est aujourd'hui le cas de la Colombie. Ce pays est pourtant loin d'appartenir au groupe des

---

1. Libération, vendredi 7 juin 2002, p. 21.

plus vieux producteurs. Ce n'est véritablement qu'au XXe siècle qu'il prend place parmi les grands pays producteurs d'Amérique latine. Cette montée en puissance tient à deux raisons principales. La première est liée à la mise en place d'un important front de colonisation intérieur, principalement à partir de la région de Medellín, qui occupe progressivement les nombreux versants montagnards situés plus au sud. Cette colonisation, fondamentalement animée par de petits producteurs, a crée une identité nouvelle, celle du *paisa,* petit caféiculteur indépendant, identité qui perdure encore très fortement aujourd'hui. Le deuxième élément favorable au développement et à la permanence de cette puissante caféiculture tient sans nul doute à la constitution progressive d'une entité de régulation et de promotion de la caféiculture, à bien des égards originale : la Federación Nacional de Cafeteros de Colombia. Né en 1927, cet organisme privé à fonctions publiques contrôle de fait toute la filière caféière nationale. Il dispose d'une puissance considérable. Souvent critiqué, mais jamais véritablement remis en cause, y compris en ces temps de dérégulation, il joue un rôle essentiel dans l'ensemble de l'économie colombienne et conserve un poids politique incontestable. La crise semble pourtant questionner les missions fondamentales qui lui avaient été confiées et qui lui conféraient une originalité certaine dans le monde des organisations nationales de producteurs.

Les types d'organisation caféière nationale

Dans beaucoup de pays producteurs, le café a revêtu une importance sociale et économique telle qu'il était pratiquement impossible à l'Etat de s'en désintéresser. Mais ses modalités d'intervention ont fortement varié suivant les pays et les périodes, selon le rapport de force prévalant dans chacun d'eux. On peut distinguer trois grands types de système d'intervention (Tulet, 1998).

Le contrôle de la filière par l'Etat

Le contrôle ou le monopole de la commercialisation du café par l'intermédiaire d'une institution dépendant étroitement de l'Etat se rencontre en Afrique sous l'appellation de « caisse de stabilisation », ou dans sa version anglaise, les *marketing board.* Leurs homologues latino-américains ont été particulièrement nombreux avec, par exemple, les instituts du café du Brésil (IBC), du Venezuela (FONCAFE), du Nicaragua (ENCAFE) et du Mexique (IMNECAFE).

Ces institutions participent toutes directement aux différents stades de la commercialisation, voire en assure le contrôle total. Ainsi au Brésil, l'IBC, créé en 1952, a d'abord eu pour fonction de réglementer le transport du café, de fixer les prix à l'exportation, de contrôler la qualité des grains, à quoi se sont ajoutés très rapidement l'octroi de crédits aux producteurs, la garantie des prix, la gestion des stocks, l'appui à la recherche, etc. Au Venezuela, l'Etat a mis en place un réseau de coopératives ayant le monopole de la collecte de la récolte, les PACCA, qui devaient ensuite vendre le café à un organisme public, le FONCAFE, qui se chargeait lui-même de la vente aux torréfacteurs et aux exportateurs. Le même organisme était supposé prendre en charge le soutien aux producteurs, l'aide technique et l'obtention de crédits (Tulet, 1991). Au Mexique, l'IMNECAFE, créé en 1958 à des fins de recherche, d'expérimentation et d'assistance technique, s'est très vite intéressé à la commercialisation du café, en rassemblant les producteurs en unités économiques de production et de commercialisation, qui recevaient en début de campagne une avance à valoir sur la récolte. Avant de disparaître, comme beaucoup de ces monopoles, au début des années 80, l'IMNECAFE commercialisait ainsi près de la moitié de la récolte mexicaine (Paré, 1993).

Plusieurs raisons sont intervenues dans la création de ces monopoles. La lutte contre les intermédiaires, coupables de s'octroyer l'essentiel des bénéfices de la vente du café aux dépens des producteurs, n'a pas toujours constitué un prétexte. Dans certains cas, elle a sûrement représenté une motivation importante. Mais cette raison n'a jamais été ni la seule, ni la plus importante. Le renforcement de la capacité de négociation des pays producteurs sur le marché international, la gestion des capitaux et la possibilité de peser sur la répartition des bénéfices ont joué un rôle essentiel dans la création de ces organismes, qui ont rapidement acquis une forte puissance financière (Daviron et Fousse, 1993). La caisse de stabilisation devait réguler les prix à la production, en prélevant des taxes et en redistribuant ces prélèvements pendant les périodes de chute des cours. Mais le plus souvent les prix payés aux producteurs étaient maintenus à un niveau très inférieur à celui du marché international. Le surplus ainsi obtenu était transféré, dans le meilleur des cas, au budget général de l'Etat.

La vague de dérégulation libérale, à partir des années 80, a provoqué le démantèlement de la plupart de ces monopoles, sans beaucoup de regrets pour nombre de producteurs, ces organisations étant pour la plupart devenues synonymes de corruption, de dirigisme insupportable et de forts prélèvements sur les ventes de café. Toutefois, la crise actuelle modifie profondément l'état de l'opinion publique et fait regretter l'époque d'une garantie d'achat à prix fixe. On observe aussi souvent la mise en place de nouveaux modes de régulation, avec l'émergence d'associations propres à chaque niveau de la filière, comme au Brésil.

La non-intervention de l'Etat

Ce modèle dit libéral est supposé se caractériser par le libre jeu de l'offre et de la demande entre les acteurs à chaque étape de la filière, en l'absence d'intervention directe de l'Etat. Il existe en particulier depuis longtemps en Equateur, mais aussi au Guatemala où l'institut du café (ANACAFE) ne possède que des liens forts distendus avec l'Etat, avec un champ d'action se limitant à des fonctions d'arbitrage et de promotion caféière. Ce système libéral s'est étendu à beaucoup d'autres pays après la disparition des monopoles.

Cette non-intervention de l'Etat laisse toute latitude aux opérateurs privés les plus puissants. Ainsi, au Guatemala, les exportateurs bénéficient d'un pouvoir d'autant plus important qu'ils ont constitué des ententes leur permettant de présenter un front relativement uni face aux producteurs. Il s'agit, pour la plupart, de descendants de producteurs d'origine allemande, chassés de leurs plantations après 1945 et reconvertis dans le négoce du café, dans lequel ils ont conquis une position dominante (Tulet et de Suremain, 1995).

Dans la pratique, ce modèle fonctionne donc d'une manière fort peu libérale, si toutefois la formule est supposée signifier le libre jeu du marché et la prohibition de toute entente. Dans les faits, il se produit le plus souvent diverses formes de cartellisation de la part des acheteurs. Les relations entre les producteurs et les acheteurs peuvent d'ailleurs s'accompagner d'une très grande violence, ainsi au Guatemala, où tous les coups semblent permis entre planteurs et négociants, pourtant tous membres de la même oligarchie. Dans ces affrontements, l'arbitrage de l'Etat est d'ailleurs souvent sollicité. Son aide est également requise lorsque certains groupes de pression se trouvent en difficulté. Ainsi les *finqueros* guatémaltèques ont obtenu des bons de soutien de la part de leur gouvernement, lorsque des bas prix de vente mettait en cause leur survie.

Le modèle de cogestion

Le modèle de cogestion se caractérise par la participation de coopératives ou d'organisations de producteurs dans la définition des orientations d'une politique caféière nationale. « C'est dans ce cas de figure que le revenu des producteurs est le plus important » (Daviron et Fousse, 1993), la négociation constante entre les divers partenaires aboutissant à diminuer de manière sensible la part des prélèvements de l'Etat au profit des producteurs. Chaque élément de la filière – coopératives, groupes privés éventuels, institutions relevant de l'Etat – dispose d'une relative autonomie, tout en bénéficiant de certaines possibilités d'intervention sur les autres partenaires.

Le Costa Rica propose un exemple de ce système de cogestion entre les différents partenaires de la filière. Ses origines remontent à la création de l'institut de défense du café en 1933, destiné à interdire tout intermédiaire entre les producteurs et les usiniers. Une taxe sur la production et l'exportation du café est adoptée en 1952. Elle « scelle, du moins jusqu'à présent, le consensus qui s'est établi autour du café, par l'acceptation d'une participation du secteur caféier au budget national » (Daviron et Fousse, 1993). Une part essentielle des ressources obtenues grâce à cette taxe retourne au secteur caféier, par le biais d'investissements, par l'aide à la mise en place d'un secteur coopératif et grâce à la création d'un organisme de régulation de la commercialisation, qui est aujourd'hui l'institut du café (ICAFE). « Les relations entre producteurs, usiniers et exportateurs sont désormais réglementées par une loi promulguée en 1961 qui fixe les prix d'achat aux producteurs en fonction des variétés et des qualités des cafés, permet le contrôle des quantités livrées au *beneficio,* légifère également sur les contrats entre usiniers et exportateurs, entre exportateurs et sociétés étrangères exportatrices » (Demyk, 1996). Tout cela n'exclut pas la prééminence effective de certains groupes sur les autres acteurs de la filière[2], malgré un discours populiste efficace d'autant plus qu'il s'appuie sur des résultats incontestables en faveur des producteurs, les plus modestes en particulier.

Il existe donc une relation permanente entre Etat et organisations de producteurs. Elle peut être conflictuelle, lorsque les intérêts divergent, mais, le plus souvent, elle s'établit par des négociations et des compromis, d'autant qu'il existe une relative interpénétration entre les deux grands pouvoirs. L'Etat, dans bien des cas, a fortement contribué à la création de ces organisations, ainsi que du réseau de coopération qui leur est souvent associé. Son influence y demeure en général très forte, y compris sur le plan juridique, des dispositions légales assurant le plus souvent sa représentativité dans les instances de direction.

La filière colombienne : un modèle de cogestion

La cogestion connaît probablement son aboutissement extrême avec la Federación Nacional de Cafeteros de Colombia (FEDECAFE), qui constitue réellement un Etat dans l'Etat, assurant un bon nombre de fonctions traditionnellement dévolues à la représentation officielle.

---

2. Voir les travaux de Mario Samper sur ce thème.

La Federación Nacional de Cafeteros : structure et pouvoirs

Dans les années 30, en Colombie, le prix payé aux producteurs de café n'atteignait même pas la moitié du prix international. Contre cet état de choses, un congrès national, surtout composé des caféiculteurs aisés, se réunit en 1927 à Medellín et décide la création d'une nouvelle fédération. Assez rapidement, afin de disposer de moyens récurrents, celle-ci négocie avec le gouvernement et obtient le bénéfice d'un impôt. Cette mesure sera à la base de tout ce qui suivra (Junguito et Pizano, 1997).

Cette fédération est régie selon un système relativement complexe. Tous les producteurs produisant au moins 375 kilos de café ou possédant plus d'un demi-hectare de caféiers peuvent en être membres. En 1998, elle comptait 282 500 membres sur 566 000 planteurs (en fait, tous les caféiculteurs ont droits aux mêmes services, qu'ils soient inscrits ou non). A la base, les 340 comités municipaux ne sont que de simples organes de consultation, mais leurs porte-parole siègent dans les comités départementaux. Ces derniers, au nombre de 15 pour tout le pays, disposent de vrais pouvoirs. Ils organisent la coopération au sein de chaque département, participent à la mise au point du budget de la fédération et exécutent les opérations financées par celle-ci. Ils bénéficient de ressources et d'un patrimoine propre.

Tous les ans, leurs délégués se réunissent en un congrès de caféiculteurs, qui constitue l'autorité suprême. Ce congrès définit la politique générale de la fédération et désigne les membres des organes exécutifs chargés de la mettre en application. Ces instances sont au nombre de trois :
– le comité national des caféiculteurs, qui participe aux discussions sur la politique caféière du pays. Huit des seize membres qui le composent sont désignés par le congrès national parmi les délégués des principaux départements producteurs de café. Les autres sont nommés par le gouvernement. Le président de la République a voix prépondérante, par l'intermédiaire du ministre des Finances, qui siège de droit. Parmi ses attributions, le comité propose au gouvernement le niveau de prélèvement, en pourcentage, sur le prix à l'exportation du café ;
– le comité exécutif, composé de certains membres du comité national. Il joue le rôle de « conseil des ministres » de la fédération. Il est l'organe suprême, quand le congrès ne siège pas ;
– le gérant général, chargé des négociations avec le gouvernement, représentant légal et chef de l'administration de la fédération. De 1955 à 2001, il a défini en accord avec le ministre des Finances, le prix minimum interne du café payé au producteur, sur proposition d'un « comité des prix ». Il est nommé par le congrès des caféiculteurs, sur une liste de can-

didats établie par le comité national. Sept seulement se sont succédé depuis soixante-dix ans.

La fédération est de caractère privé. Mais ses fonds, très importants, dont une partie provient de l'impôt, sont considérés comme publics. Il existe de fait une symbiose relative entre le personnel de la fédération et celui de l'Etat, à tous les niveaux de la hiérarchie. La plupart des décisions sont négociées entre les deux parties. La même symbiose se manifeste dans l'exécution.

Grâce à ces ressources, les comités départementaux de la fédération financent une partie des travaux publics (routes, adduction d'eau, électrification, assainissement...), pour lesquels ils sont maîtres d'œuvre, ce qui relève normalement de la compétence exclusive de l'Etat. Ces comités se targuent de leur efficience en la matière, largement supérieure selon eux à celle des autres entités de financement. Ce système expliquerait la qualité supérieure des équipements des campagnes caféières sur le reste du pays.

Symbiose, dans ce cas, ne signifie pas aliénation de l'un par rapport à l'autre. La tutelle de l'Etat ne va pas jusqu'au contrôle total de la fédération, d'autant que celle-ci dispose de ressources propres et d'un patrimoine particulièrement important. Elle contrôle ou a contrôlé un très grand nombre d'institutions, parmi lesquelles :
– 93 % d'ALMACAFE (Almacenes Generales de Depósito de Café), société en mesure de stocker 16,6 millions de sacs de café de 60 kilos (approximativement la récolte d'une bonne année), dans 90 établissements. Ce pouvoir de stockage constitue une arme très importante face au négoce international. En 2001, elle ne conservait que 2 millions de sacs dans ses hangars ;
– un centre de recherches agronomiques particulièrement important, CENICAFE (Centro Nacional de Investigaciones de Café), qui se fait gloire d'avoir mis au point une nouvelle variété de café performante, durablement résistante aux attaques de la rouille, la variété Colombia. Il est également chargé de campagnes de vulgarisation de techniques nouvelles ;
– un réseau de 58 coopératives, rassemblant 120 850 personnes, 605 points d'achats de café, 137 supermarchés et pharmacies, 289 hangars de stockage, d'une capacité totale de 2,4 millions de sacs de 40 kilos, à quoi s'ajoutent d'autres équipements loués, d'une capacité supplémentaire de 1,2 million ;
– une société exportatrice de café, EXPOCAFE, créée en 1985 ;
– une usine de café lyophilisé, ouverte en 1973 à Chinchiná, avec une capacité de traitement de 1 800 tonnes de café soluble par an (équivalent au traitement de 100 000 sacs de café vert). La capacité de cette usine a progressivement été portée à 7 800 tonnes.

Le Fondo Nacional del Café

Tout ce qui précède constitue un appareil d'une puissance nullement négligeable. Pourtant, la source principale du pouvoir de la fédération se situe ailleurs, dans le contrôle qu'elle exerce sur le Fondo Nacional del Café. Ce fonds a pour fonction d'acheter les récoltes et d'exporter le café, ainsi que de promouvoir et de défendre la filière et ses adhérents. Son origine remonte à 1940 avec l'instauration d'un système de quotas destiné à réguler le marché du café, qui est resté en fonctionnement jusqu'à la fin des années 80. Mis en place pour assurer l'approvisionnement des Etats-Unis dans une période difficile, ce système accordait à chaque pays producteur signataire la possibilité de placer sur le marché international une quantité donnée de café, indépendamment du niveau de la récolte annuelle. Il fallait donc créer une instance de régulation interne pour stocker les excédents éventuels et les mettre sur le marché en temps opportun. Le fonds a été constitué à cet effet, en ouvrant un compte spécial sur le Trésor public. La gestion de ce compte, public, a été confiée à la fédération des caféiculteurs, institution privée, qui en a toujours le contrôle. Les ressources de ce fonds proviennent, non seulement de taxes à l'exportation, mais aussi des ventes sur le marché intérieur et de divers négoces.

La base de l'accumulation financière provient toujours de ressources fiscales. La « contribution caféière » a représenté jusqu'à 7,4 % de la valeur des exportations, avec une redistribution selon les proportions suivantes :
– 2,7 % pour les comités départementaux de la fédération ;
– 2,7 % pour le fonds national ;
– 2 % pour le budget de l'Etat.

Ce fonds a rapidement accumulé beaucoup de capitaux, qu'il place et dont il perçoit des intérêts. L'importance de ces masses financières lui a permis de s'intéresser à d'autres activités et de devenir l'un des groupes industriels les plus puissants du pays. Il a contrôlé directement un réseau de 69 entreprises et disposé de participations dans un grand nombre d'autres affaires, dans l'une des plus grandes banques du pays (Banco Cafetero) et dans une flotte marchande, par exemple. Il contrôle ou a contrôlé une nébuleuse d'entreprises : laboratoire de chimie du café, Corporación Forestal del Cauca y Café, institutions financières (Consaca, Fondo Rotario de Credito, Corporaciones Agrícolas de Caldas y Occidente, Compañías Agrícolas de Inversiones y de Seguros Corporations financières, etc.), institutions pour le transport du café (Navenal, Flota Mercante Grancolombiana), usines de café lyophilisé et bien d'autres institutions de diverse nature. Beaucoup de ces investissements ont correspondu à des opportunités, à des pressions politiques pour sauver des entreprises en difficultés ou situées dans des régions caféières.

La confrontation avec la crise

Le maintien de la puissance de la fédération dépend toutefois de la conjoncture, l'accumulation des réserves ne permettant de résister à un abaissement durable des prix que pendant une certaine période. Au début des années 90, celles-ci lui ont permis de mettre à profit une période de baisse des prix pour tenter de jouer un plus grand rôle sur le marché international. Grâce à un prix intérieur particulièrement favorable, les surfaces en café ont augmenté, au point d'atteindre plus d'un million d'hectares. Mais cela s'est soldé par un endettement de 433 millions de dollars en 1996, en dépit de premières ventes importantes d'actifs. Seul un retournement de la conjoncture en 1997, aboutissant à un excédent de 50 millions de dollars à la fin de l'année, a sauvé la fédération de la faillite. Il n'est évidemment plus question de reprendre ce scénario, d'autant que la nouvelle période de bas prix de vente du café semble destinée à durer et que le Brésil a repris sa suprématie mondiale. Il faut donc adopter de nouvelles stratégies.

Politique de diminution des coûts de production

Actuellement, le coût de production du café colombien est plus élevé que le prix de vente à l'extérieur. La fédération propose donc diverses mesures pour réduire ce coût de production : mise au point de gestes ergonomiques dans la récolte du café, conception d'une machine à récolter le café acceptant des pentes de l'ordre de 20 %.

Toutefois, l'essentiel est d'obtenir une meilleure productivité des plantations elles-mêmes. La fédération a donc cherché à diminuer, avec succès, la surface globale des plantations, qui est descendue à 800 000 hectares. Parallèlement, un plan quinquennal de rénovation des caféières a été mis en place, avec l'attribution d'une prime de 105 pesos colombiens par arbuste recépé ou replanté en variété améliorée. Entre 1998 et 2000, environ 200 000 hectares ont ainsi été rénovés, entre 150 et 200 000 autres devraient l'être dans les prochaines années. Grâce à ce programme, l'âge moyen des caféières est déjà passé de 7,5 ans à 5,8 ans et la densité des plants par hectare a augmenté de 4 800 à plus de 6 000. Les rendements moyens par hectare sont passés de 12 sacs par hectare dans les années 80 à 18 sacs aujourd'hui. Ils continuent à progresser. En dépit de la réduction des surfaces en caféiers, la production est passée de 10 millions de sacs en 2000 à 11,5 millions en 2001 (Pizano, 2001).

La reconversion des exploitations caféières reste donc à l'ordre du jour. Diego Pizano envisage que, dans quelques années, la caféiculture colombienne soit partagée entre une partie modernisée et technicisée, de

450 000 hectares, qui arriverait à produire entre 10 et 10,5 millions de sacs, et une partie demeurée traditionnelle, couvrant entre 150 et 200 000 hectares, avec des rendements toujours très bas, de l'ordre de 7 à 8 sacs par hectare. Selon lui, le maintien de ce secteur traditionnel serait possible, grâce à son usage massif de la main-d'œuvre familiale.

Ce programme d'aménagement a également produit des résultats en terme de productivité à l'hectare. En 1997, les coûts de production étaient estimés à 1 dollar par livre de café. Ils étaient en 2001 entre 65 et 70 centimes pour les exploitations technicisées, ce qui restait encore globalement insuffisant. Le point d'équilibre pour le café colombien se situait à cette période entre 0,80 et 0,85 dollar, supérieur à la moyenne du prix de vente international. Heureusement pour la fédération, elle est le plus gros exportateur mondial, en mesure de proposer d'importantes quantités d'un café homogène et d'excellente qualité. Grâce à cela, elle bénéficie de prix supérieurs au prix de base international. Mais cela ne suffit pas pour compenser le différentiel de prix.

Un empire en rétraction

Lorsque les prix internationaux étaient élevés, la ponction sur le prix de vente du café par les institutions caféières se situait autour de 0,20 dollar par livre, ce qui était relativement peu par rapport à d'autres pays. Toutefois, dans la situation colombienne actuelle, il n'était guère possible de maintenir ce niveau de prélèvement. En 2001, celui-ci s'élevait à 0,06 dollar par livre, ce qui diminuait d'autant les capacités d'intervention de ces diverses institutions. Pour maintenir ses activités et rémunérer correctement les producteurs, la fédération a donc dû puiser dans ses ressources propres, effectuer des ventes d'actifs ou faire appel au crédit. En 2001, elle tentait d'obtenir un prêt de l'Etat de 100 millions de dollars.

Elle a également limité ses coûts de fonctionnement. Après avoir employé jusqu'à 4 000 salariés, elle n'en possède plus que 2 000 et pense à terme n'en conserver que 1 400. Les investissements dans la promotion du café colombien ont également été réduits de 50 millions de dollars à 10 millions. Les responsables tentent, dans la mesure du possible, de limiter leur retrait de ce qu'ils considèrent comme essentiel : les programmes d'amélioration de la rentabilité des caféières, la qualité de la production, la recherche – le personnel de CENICAFE a, malgré tout, fortement régressé –, les services fournis aux producteurs.

Il a donc fallu aliéner une bonne partie du patrimoine accumulé au cours des décennies. Les participations à diverses entreprises, qui bien souvent n'étaient pas nécessaires au bon fonctionnement du système caféier et n'avaient été acquises que sur la pression des pouvoirs publics, ont été vendues. Cela n'a pas suffi. La Flota Mercante Grancolombia, créée pour rompre le monopole de transport du grain de la compagnie nord-américaine Grace, a été cédée en 1996 à une compagnie de navigation mexicaine. Plus récemment, en 1999, la Banco Cafetero, fondée en 1954, qui était parvenu à contrôler 10 % des actifs bancaires du pays, a fait faillite et a été absorbée par une institution d'Etat, chargée de sa restructuration avant sa revente. La Companía Agrícola de Seguros, créée en 1954, avait largement diversifié ses activités ; sa vente au secteur privé est également en discussion. Le retour à de meilleures conditions de vente n'étant toujours pas à l'ordre du jour, il semble probable que ce désengagement, voulu ou forcé, va se poursuivre dans les prochaines années.

Par ailleurs, les opérateurs privés prennent de plus en plus d'importance dans le négoce du café colombien. Au cours de la dernière génération, les institutions de la fédération avaient commercialisé jusqu'à plus de la moitié de la production nationale, le reste se répartissant entre une quarantaine d'entreprises privées. Cette proportion connaît une érosion tout à fait sensible, puisque la part de la fédération n'est plus que de 30 à 35 %. Ce dernier phénomène est tout à fait significatif du retrait relatif de la fédération, y compris de ce qui concerne ses attributions traditionnelles.

Le désengagement de la fédération

Parmi les nombreux services proposés par les instances de la fédération, qui demeurent particulièrement appréciés, les producteurs ont toujours attaché une grande importance à deux avantages fondamentaux : la garantie d'achat, quelle que soit la quantité proposée, et un prix garanti pour une production de qualité identique, quelle que soit son origine géographique.

La garantie d'achat au caféiculteur, quelle que soit sa production et sa localisation géographique, demeure pour l'instant. Elle constitue l'un des points forts de l'attachement des producteurs, les plus petits en particulier, au maintien de la fédération. En revanche, la baisse des disponibilités en capital et la volatilité des cours ont amené les dirigeants de la fédération à ne plus garantir un prix fixe aux producteurs. Ce prix varie désormais en fonction des cours internationaux. Cela s'est traduit par une baisse très douloureuse de revenus des producteurs, même si les prix proposés par la fédération constituent toujours la référence sur laquelle doivent s'aligner les opérateurs privés et se situent à des niveaux relativement élevés par rapport à ceux pratiqués ailleurs. Cet abandon pèse toutefois énormément sur les producteurs les plus modestes, qui ne peuvent plus compter sur des revenus assurés. Beaucoup tentent de trouver d'autres solutions, sans trop de réussite pour l'instant.

Conclusion

Les producteurs tout comme la plupart des organisations paysannes, même les plus critiques sur son fonctionnement, ne remettent absolument pas en cause l'existence de la fédération. Tout au plus souhaitent-ils une clarification de son fonctionnement interne, avec en particulier la disparition, ou tout au moins la diminution, de l'influence et de l'intervention de l'Etat. La disparition de la fédération signifierait, pour tous, une plus grande soumission aux opérateurs privés, nationaux ou internationaux : il n'est pas question ici de ces monopoles détestés, dont la disparition n'a été regrettée que par ceux qui émargeaient à leur fonctionnement. La fédération, création de notables de la caféiculture, est devenue pour les producteurs, modestes et même très modestes dans leur immense majorité, l'un des principaux remparts contre une aggravation de la précarité et de la pauvreté. Les régions caféières colombiennes apparaissent très clairement comme des régions mieux équipées que la moyenne nationale, relativement plus sûres, avec une société globalement moins misérable.

La crise actuelle, la plus dure jamais connue dans le monde de la production caféière, pose toutefois la question de la survie de cette institution. Pour l'instant, elle n'aboutit qu'à une forte réduction de ses champs d'opération, en particulier dans les secteurs qui lui sont relativement étrangers et où elle ne s'était parfois aventurée que sur l'injonction des pouvoirs publics. Même si leur perte est grave, dans le cas de la disparition de sa flotte ou de la Banco Cafetero, ces secteurs ne sont pas indispensables au bon fonctionnement de la fédération. Les limitations budgétaires, qui ont déjà entraîné le débauchage d'une partie du personnel administratif, posent à terme plus de problèmes, puisqu'elles aboutissent à limiter ses capacités d'intervention et les services accordés aux producteurs, en particulier l'assistance technique. En revanche, si la fédération, après avoir abandonné la garantie de prix stables, renonçait à la garantie d'achat, il est probable qu'elle perdrait beaucoup de sa légitimité auprès des producteurs, avec des conséquences mettant en cause la stabilité de l'ensemble du pays. Les régions caféières demeurent encore relativement calmes par rapport au reste du pays et leur basculement dans l'instabilité serait très grave. On n'en est pas encore là. Il existe un consensus pour prendre la mesure de ces risques et pour que l'entité nationale, dans toutes ses composantes, veuille y faire face.

Références bibliographiques

Daviron B., Fousse W., 1993. La compétitivité des cafés africains. Paris, France, ministère de la Coopération, 252 p.

Demyk N., 1996. Café et société au Costa Rica : mythes et réalités d'un paradigme national. Géodoc n. 43, série Moca n. 5, p. 12.

IPEALT, 1993. Les cultures du café. Caravelle, n. 61, 286 p.

Junguito R., Pizano D. (coord.), 1997. Instituciones e instrumentos de la politica cafetera en Colombia (1927-1997). Bogotá, Colombie, Fondo Cultural Cafetero Fedesarrollo, 490 p.

Paré L., 1993. Du paternalisme d'Etat à l'inconnu : quels modèles après la disparition de l'institut mexicain du café ? Géodoc n. 39, série Moca n. 3, p. 57.

Pizano D., 2001. El café en la encrucijada: libros de cambio. Colombie, Bogotá, Alfaomega, 80 p.

Tulet J.C., 1991. Le rôle essentiel du café dans les Andes vénézuéliennes. Géodoc n. 36, série Moca n. 1, p. 3-17.

Tulet J.C., 1998. Le rôle déterminant des facteurs endogènes dans l'évolution des caféicultures latino-américaines. Revue tiers monde, 39 (156) : 819-833.

Tulet J.C., Charlery de la Masselière B., Bart F., Pilleboue J., 1994. Paysanneries du café des hautes terres tropicales. Paris, France, Karthala, 370 p.

Tulet J.C., de Suremain C.E., 1995. Les frères ennemis : antagonismes entre grands planteurs et exportateurs de café sur la Costa Cuca (Guatemala). Les Cahiers de la recherche-développement, 42 : 94-106.

A l'épreuve
de la qualité

Burundi :
le pari de la qualité

Frédéric Descroix

Le Burundi est un petit pays de 27 834 kilomètres carrés, situé en Afrique centrale. Il est enclavé à 1 200 kilomètres de l'océan Indien et à 2 000 kilomètres de l'océan Atlantique, entre la république démocratique du Congo, à l'ouest, le Rwanda, au nord, et la Tanzanie, à l'est et au sud. C'est un pays de montagnes dont l'altitude oscille d'ouest en est de 775 mètres, au niveau du lac Tanganyika, à plus de 2 400 mètres sur la crête Zaïre-Nil pour redescendre à 1 200 mètres à la frontière tanzanienne.

En 1998, il comptait 6,1 millions d'habitants[1], ce qui correspondait à l'une des plus fortes densités d'Afrique : 250 habitants par kilomètre carrés en moyenne. Quatre-vingt-quinze pour cent des habitants vivent dans un habitat dispersé et se consacrent à des activités agricoles, dans une économie fondée sur l'autosubsistance. Le produit national brut par habitant est alors de 229 dollars avec un taux de croissance annuel de 4 %.

Adapté aux différents climats du pays, le caféier est cultivé dans presque toutes les zones par plus de 1,1 million de familles rurales, pour la majorité desquelles il est la principale source de revenu monétaire. Le café tient l'une des premières places dans l'économie burundaise : il est la première source de devises de l'Etat, puisqu'il représente, bon an, mal an, environ 80 % des recettes en devises. Les cultures du thé (4 000 tonnes), du coton (2 000 tonnes) et du quinquina se partagent les 10 % restants, pour l'agriculture.

Dès 1985-1986, l'Etat, avec l'appui de la Banque mondiale et de la Caisse française de développement (rebaptisée Agence française de développement), a mis en œuvre des projets de développement, qui ont engendré une forte extension du verger caféier : il est passé de 120 millions de pieds en 1986 à 190 millions en 1991. Le verger représente environ 84 000 hec-

---

1. Estimation gouvernementale burundaise de 1998.

tares de surface caféière en 1993, avec une importance qui varie, selon les provinces, de 0,5 à 9,8 % de la surface agricole disponible.

L'évolution de la production nationale montre l'intérêt de l'Etat, mais aussi des familles rurales burundaises, pour cette production. En moyenne mobile quinquennale, elle est passée de 7 000 tonnes de café marchand en 1952, à 13 500 tonnes en 1962, 19 500 tonnes en 1972 et 26 000 tonnes en 1982 pour atteindre 34 000 tonnes en 1992.

Dès 1989, l'évolution de la politique mondiale du café et la disparition des quotas incitent les autorités burundaises à réorienter la politique nationale caféière en mettant en œuvre un vaste programme d'amélioration de la qualité du café produit. Avec l'appui de la Banque mondiale et de la Caisse française de développement, un programme de professionnalisation du secteur caféier est alors engagé pour accroître la proportion de café *fully washed*[2] et limiter les coûts de production à tous les niveaux de la filière.

Les efforts de cette politique ont porté sur les principaux niveaux de la filière, de l'appui à la production jusqu'à l'organisation du secteur commercial, sans omettre l'amélioration du traitement primaire, de l'usinage et du conditionnement. Le facteur variétal, bien que déterminant dans une démarche de qualité du produit, n'a pas fait l'objet d'attentions spécifiques car il aurait induit des pas de temps très longs. De plus, les variétés traditionnelles burundaises produisent un café potentiellement de bonne qualité. L'effet du terroir n'a pas été envisagé non plus dans cette première phase, car des études fondamentales plus poussées étaient nécessaires.

Dans ce chapitre, nous retraçons l'histoire des mesures prises pour l'amélioration de la qualité au Burundi et décrivons comment le Burundi a gagné son pari sur la qualité du café.

Une complète refonte de la filière

Le choix d'une démarche de qualité s'est révélé être une véritable révolution dans la filière du café. En effet, l'OCIBU (Office du café du Burundi) contrôlait précédemment l'ensemble de la filière : de l'encadrement des producteurs à la vente du café à l'exportation en passant par le traitement et l'usinage. Ainsi, l'OCIBU achetait directement aux producteurs soit du café en cerises pour la partie traitée dans les stations de dépulpage-lavage *(fully washed)*, soit du café en parches sèches pour la partie traitée directe-

---

2. Café dont les cerises sont traitées par voie humide dans des stations de dépulpage-lavage selon un processus de triage manuel puis par flottation des cerises, dépulpage, fermentation contrôlée, lavage et séchage du café parche.

ment par les producteurs à partir des centres de dépulpage manuel *(washed)*[3]. Dans cette organisation le producteur n'avait pas intérêt à proposer un produit de qualité puisque son café était payé selon un prix fixe déterminé pour la campagne[4] d'achat. La mise en place d'une démarche de qualité impliquait que tous les acteurs de la filière qui contribuent à l'élaboration de cette qualité puissent se partager les plus-values engendrées.

Une nouvelle organisation devait donc être mise en place pour que chaque niveau de la filière soit rémunéré proportionnellement au prix de vente. Une condition fondamentale était que les acteurs les plus en amont – les producteurs – restent propriétaire du produit jusque la vente à l'exportation. Il fallait également que le produit soit individualisé tout au long du processus de traitement, d'usinage et de conditionnement pour garantir une traçabilité.

De monopole d'Etat, représenté par L'OCIBU, la filière a été privatisée. L'Office du café s'est ainsi retiré de l'achat du café aux producteurs et de la vente du café à l'exportation. Dans le même temps, des sociétés régionales de gestion des stations de dépulpage-lavage (SOGESTAL), privées, regroupant les caféiculteurs et des investisseurs privés ont été créées dans la période 1992-1993 et chargées de la collecte du café, de sa transformation et de sa mise en marché. Enfin, les usines de déparchage et de conditionnement de l'OCIBU ont été rétrocédées à une société d'économie mixte, la SODECO (Société de déparchage et de conditionnement), qui a été chargée du traitement à façon des lots de café pour les SOGESTAL.

Finalement le processus n'aurait pas pu fonctionner sans l'ouverture aux privés de l'achat et de l'exportation par la création de l'Association burundaise des exportateurs de café (ABEC) et l'organisation d'enchères publiques hebdomadaires pour la vente du café.

Une nouvelle organisation de la production et de l'appui aux producteurs

Par la mise en œuvre de la nouvelle stratégie du ministère de l'Agriculture et de l'élevage en 1989, la DPAE (Direction provinciale de l'agriculture et de l'élevage) s'est vu confier le rôle de premier interlocuteur des agriculteurs-éleveurs. L'OCIBU précédemment chargé de l'encadrement de la caféiculture et de l'appui aux caféiculteurs a été déchargé de ces tâches de vulgarisation et n'est dès lors plus intervenu qu'en appui à la

---

3. Café dont le traitement primaire par voie humide est réalisé par le producteur et qui correspond à un dépulpage, un lavage et un séchage qui donne le café parche *washed*.
4. Période correspondant à l'achat de la totalité des cafés récoltés dans l'année, hors de cette période l'achat de café était interdit.

DPAE pour la collecte des informations relatives à la production caféière et pour la fourniture des intrants et matériels. La DPAE est devenue le partenaire privilégié des producteurs et a disposé d'un nombreux personnel, qui a eu pour rôle d'animer et de former les agriculteurs, de vulgariser les techniques les plus performantes et de rendre disponible les intrants. Ces agents ont été affectés dans chacune des divisions administratives territoriales et ont formé des équipes provinciales, constituées d'ingénieurs ou de techniciens spécialisés dans les différentes disciplines agrorurales, et des équipes communales, constituées de techniciens spécialistes de la vulgarisation et de l'animation des familles rurales. Les agents affectés à ces équipes communales travaillent maintenant directement avec les producteurs individuels ou rassemblés en groupements de vulgarisation.

L'Office du café se charge aujourd'hui de la collecte et du traitement des informations statistiques et techniques du secteur caféicole. A ce titre, il actualise chaque année les données relatives au verger caféier et ce, par colline de recensement, afin de définir les besoins en intrants et en matériels et de programmer les distributions. Il met en œuvre des programmes de suivi de l'évolution des maladies et des ravageurs de la caféière et assure un inventaire rigoureux des appareils de traitement, des centres de dépulpages manuels et des dépulpeurs. Outre la collecte et le traitement de ces données de base indispensables au suivi et à l'organisation de la production caféière, l'OCIBU prend en charge les commandes et assure la distribution dans les magasins communaux des intrants et fournitures nécessaires à cette production. Il fournit, à titre gratuit, les pesticides pour le contrôle des maladies et ravageurs, les pièces détachées pour la remise en état des centres de dépulpage manuel et assure la remise en état, l'entretien et le renouvellement des appareils de traitement comme les poudreuses et les pulvérisateurs.

Dans le même temps, l'administration territoriale, très impliquée dans les années 1970-1985 dans l'encadrement des caféiculteurs, se désengage peu à peu pour n'assurer que de rares campagnes de sensibilisation pour les entretiens, le recépage et la désinsectisation.

L'amélioration de l'outil de traitement postrécolte du café

Dans la période 1985-1993, les différents projets régionaux ont permis de construire 133 stations de dépulpage-lavage, correspondant à une capacité de traitement de 166 250 tonnes de cerises ou 27 930 tonnes de café marchand *fully washed*. Dans le même temps, 900 centres de dépulpage manuel ont été construits ou réaménagés dans les zones de faible concentration caféière, dont les volumes de production ne justifiaient pas la construction d'une station de dépulpage-lavage. Cet effort d'investissement a été complété par la création, dans chacune des régions, d'une SOGESTAL, qui, bien que privatisée, devait mettre en œuvre un processus de traitement testé et contrôlé par le service de technologie du café de l'ISABU (Institut des sciences agronomiques du Burundi), avec l'appui du programme Café du CIRAD.

Le processus de traitement du café correspond à un cahier des charges strict et précis, dont le contrôle est assuré par l'Office du café, qui est le garant pour l'Etat de la mise en œuvre de cette démarche de qualité du produit :
– achat le jour de la récolte des cerises rouges après triage par le producteur, qui se voit refuser les cerises immatures ou surmatures. Compte tenu de la petitesse des exploitations agricoles et de l'étalement de la récolte sur 2,5 à 3 mois selon les zones d'altitude, les apports en cerises correspondent à quelques kilos par producteur et par jour de cueillette. Toutefois le nombre d'apporteurs, surtout dans la période du pic de récolte, est tel que les achats commencés en fin de matinée[5] peuvent se poursuivre tard dans la soirée, bien après le coucher du soleil ;
– réception sous eau et dépulpage des cerises. Pendant la période d'apports importants, il n'est pas rare que le dépulpage se poursuivre jusqu'aux premières heures de la matinée ;
– triage des fèves par flottation avant leur stockage en bac de fermentation par catégorie de densité ;
– fermentation contrôlée d'une durée variant de 48 à 72 heures selon les zones et les températures (période et altitude) puis lavage et égouttage du café en parche ;
– séchage sur table des parches puis stockage en magasin lorsque le produit à une teneur en eau inférieure à 11 % ;
– transport aux usines pour le déparchage et le conditionnement par la SODECO et caractérisation par le laboratoire de l'Office du café avant mise aux enchères publiques par la SOGESTAL, toujours propriétaire des lots.

L'amélioration des usines de déparchage et du traitement du café

L'adaptation des usines de déparchage et de conditionnement, construites au début des années 80, par la modernisation de la chaîne d'usinage et l'ajout de nouveaux silos a rendu possible le stockage différencié des parches sèches et leur usinage en lots individualisés par origine (SOGESTAL) et qualité.

---

5. Certaines stations pouvaient accueillir en période de pic de récolte plus de 3 000 apporteurs par journée, ce qui correspondait à un achat de 24 à 25 tonnes de cerises.

Comme pour le traitement postrécolte dans les stations de dépulpage-lavage, l'usinage et le conditionnement des cafés dans les usines fait l'objet d'un processus strict contrôlé par l'OCIBU. Ainsi, la SODECO, après pesée des véhicules, prélève un échantillon pour analyse dans son laboratoire[6] avant déchargement. Cet échantillon est analysé pour définir le taux d'hygrométrie, la granulométrie, le nombre de défaut. Ensuite une fraction de l'échantillon est déparché, torréfié, dégusté pour déceler l'éventuelle présence de goût indésirable. Dès la fin des analyses le véhicule peut être déchargé et le produit immédiatement passé dans un nettoyeur, qui élimine les poussières, pierres et autres corps étrangers, avant la pesée et le stockage dans le silo déterminé par le laboratoire en fonction de l'origine et de la qualité. Cette double pesée permet d'informer, dès le retour du véhicule, le propriétaire du produit du poids brut et du poids net de café parche qui fera l'objet d'une facturation par le service d'usinage. Par la suite, le café est déparché avant de subir plusieurs opérations de triage. Un triage granulométrique par passage dans un calibreur à tambour rotatif, qui permet de classer les fèves selon leur grosseur ; puis chaque lot ainsi gradé subit un second triage sur table densimétrique afin de séparer les fèves de grosseur similaire en fonction de leur poids. Enfin, les lots correspondant à une grosseur et une densité subissent un triage colorimétrique, qui permet d'éliminer les fèves qui ont une couleur indésirable, tel que les fèves noires, blanches ou brunes, striées... A la SODECO, ce dernier triage est réalisé par des trieuses électroniques. Après usinage et triage le café est ensaché et le laboratoire de l'OCIBU vient faire des prélèvements pour analyse et classification. A la réception des résultats du laboratoire de l'OCIBU, les lots de café sont conditionnés et marqués avant de pouvoir être proposés aux enchères publiques par la SOGESTAL propriétaire.

L'analyse au laboratoire de l'Office du café et la caractérisation du produit

Les analyses avant conditionnement définitif, classification du lot et marquage selon les normes qualitatives sont réalisées par le laboratoire de l'OCIBU. Ce laboratoire est chargé de caractériser les lots de café pour permettre leur classification et leur conditionnement en fonction des normes qualitatives reconnues. Ce laboratoire, indépendant des propriétaires des lots, des SOGESTAL, de l'usinier et de la SODECO, est chargé par les pouvoirs publics de garantir et de certifier les caractéristiques physiques et organoleptiques des lots qui seront mis en marché. Le laboratoire de la SODECO analyse quant à lui les parches à l'arrivée aux usines.

---

6. Ce laboratoire est différent du laboratoire de l'Office du café.

Les échantillons prélevés, par les agents du laboratoire de l'OCIBU, à l'usine de conditionnement, dans les lots gradés et triés sont analysés, contrôlés et systématiquement dégustés. Les agents du laboratoire vérifient le gradage, la couleur, le nombre et pourcentage de fèves à défaut, puis procèdent à une dégustation. Chaque lot est caractérisé pour la boisson selon les attributs majeurs : corps, acidité, amertume et astringence. D'éventuels goûts indésirables conduisent immédiatement au déclassement du lot. Les résultats de ces analyses physiques et organoleptiques permettent de classer les lots de café selon des normes précisément fixées (tableau 1). Ces lots font l'objet d'une fiche descriptive, qui les accompagnera dans les étapes ultérieures. Enfin, des échantillons de chacun des lots analysés sont conservés au laboratoire pour servir de référence en cas de réclamation de l'acheteur.

Tableau 1. Grilles qualitatives burundaises.

Fully washed	Washed
Super	OCIBU 2
Extra	OCIBU 3A
Courant	OCIBU 3B
Brisures	OCIBU 3C
Caracoli	Caracoli
Hors normes	Brisures
Microbrisures	Hors normes
	Microbrisures

La réorganisation du secteur commercial

Au Burundi, la commercialisation du café se déroule en deux étapes bien distinctes. La première concerne la vente du café par le producteur et la seconde concerne la vente du café marchand à l'exportation.

Les producteurs vendent leur café soit en cerises pour le *fully washed* soit en parches pour le *washed*. La SOGESTAL achète le café sous ses deux formes alors que les acheteurs agréés par zone n'achète que le café parche. Les cerises doivent être livrées le jour de la cueillette. Le café parche traité doit être apporté à l'exploitation *(washed)*, où il est proposé aux acheteurs agréés sur des marchés connus de tous (chef-lieu de commune ou gros bourgs), qui se déroulent une fois la semaine à jour fixe. La campagne de vente du café cerise correspond à la période de récolte, qui s'échelonne de mars à juin ou d'avril à juillet selon les zones d'altitude. La vente du café parche n'est permise qu'après l'ouverture de la campagne officielle d'achat, qui est fixée à la fin de la période de récolte, à la mi-juillet et généralement jusqu'en décembre.

La vente à l'exportation du café marchand se déroule par ventes aux enchères, organisées par l'ABEC[7]. Chaque lundi, la liste et les caractéristiques des lots proposés aux enchères publiques ainsi que le montant des mises à prix sont publiés. Les exportateurs peuvent retirer un échantillon pour réaliser leurs propres analyses avant la séance d'enchère, qui se tient chaque jeudi. Durant la séance les lots sont attribués au plus offrant qui propose un prix supérieur à celui de mise à prix. A défaut le commissaire refuse l'attribution du lot et les acheteurs présents peuvent proposer une option d'achat au tarif de mise à prix avant la fin de la journée. L'acheteur dispose de 48 heures pour enlever le produit après (et seulement après) s'être acquitté des taxes prélevées par l'Etat.

Les effets de la politique de qualité sur le type de produit exporté

Une inversion des proportions de café *fully washed* et *washed*

Le pourcentage de café *fully washed* est passé de 40 % à plus de 60 % des volumes exportés entre 1992-1993 et 1998-1999 (figure 1). Cette évolution positive est bien entendu la conséquence de la mise en service d'un grand nombre de stations de dépulpage-lavage au cours de la période 1989-1993, mais ce n'est pas la seule raison.

Deux facteurs ont favorisé la vente du café cerise par rapport au café parche, et donc le *fully washed* : un prix d'achat du café cerise au moins équivalent, et parfois supérieur, à celui du café parche et un paiement à la fin de chaque mois de récolte pour le café cerise. Le paiement du café cerise en fin de mois permet aux producteurs de percevoir le produit de la vente dès le mois d'avril, alors qu'ils devaient attendre la mi-juillet pour les premières ventes de café *washed*. La vente en cerise s'est d'ailleurs amplifiée après la crise de 1993, lorsque les troubles sociopolitiques encourageaient les producteurs à vendre rapidement leur production pour limiter le risque de se faire dérober le produit traité à la ferme. Enfin, l'évolution des prix d'achat du café cerise (équivalent parche[8]) a été plus favorable que celle du prix du café parche (figure 2).

---

7. Le retrait de l'Etat de la vente du café à l'exportation et l'ouverture aux privés de l'achat et de l'exportation du café a induit deux changements majeurs : la création de l'ABEC, en 1994, et l'organisation d'enchères publiques hebdomadaires pour la vente des lots de café aux exportateurs.
8. Le taux de transformation des cerises en parche correspond à 18 %.

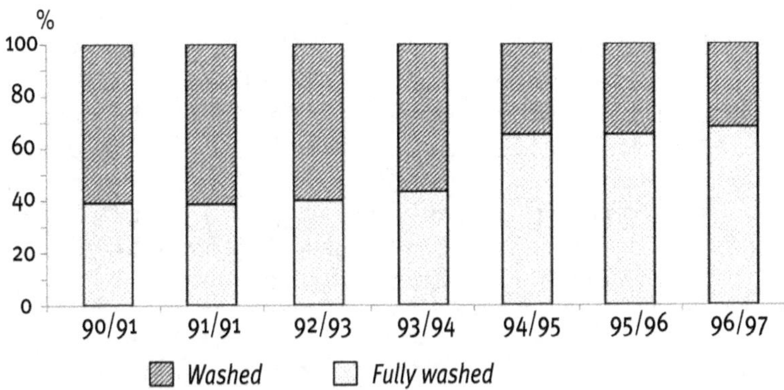

Figure 1. Evolution de la production de café *washed* et *fully washed*.

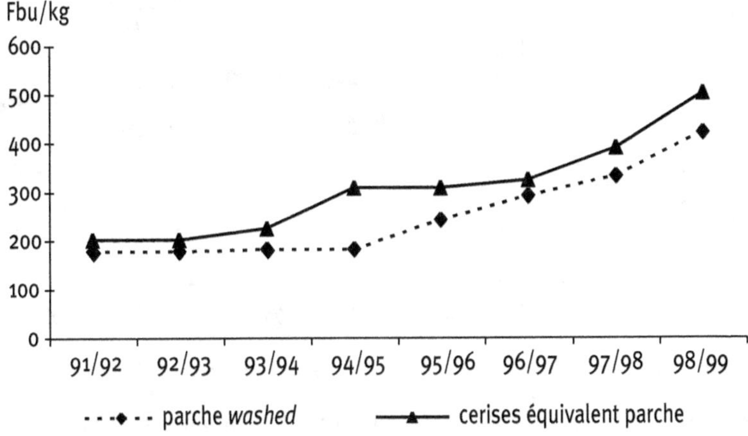

Figure 2. Evolution des prix d'achat au producteur.

Une meilleure valorisation du café à l'exportation

Dès 1993, la vente des lots de café aux enchères publiques a permis aux SOGESTAL de valoriser des produits de meilleure qualité grâce à une augmentation des prix de vente à l'exportation. En moyenne annuelle, le prix de vente des cafés burundais est passé de 86,8 % à 91,6 % du prix moyen annuel de l'OIC (Organisation internationale du café) entre les campagnes 1992-1993 et 1993-1994. Cette augmentation du prix de vente provient exclusivement d'un meilleur prix de vente des cafés *fully washed,* qui sont passés de 93,8 % à 113,1 % du prix indicatif de l'OIC entre les campagnes

1992-1993 et 1993-1994. Le différentiel de prix moyen entre les cafés *washed* et les cafés *fully washed* a été de 37 % pour la campagne de vente 1993-1994, qui est la seule campagne à avoir bénéficié pleinement des efforts consentis par tous les acteurs de la filière. Par la suite, excepté pendant la période des troubles sociaux de 1994 à 1996, le café *fully washed* est vendu à des prix de l'ordre de 20 % supérieurs à ceux du café *washed*. Ainsi, quel que soit le prix du marché, les prix de vente du café *fully washed* permettent une meilleure valorisation du produit (figure 3) et de ce fait une meilleure rémunération des producteurs.

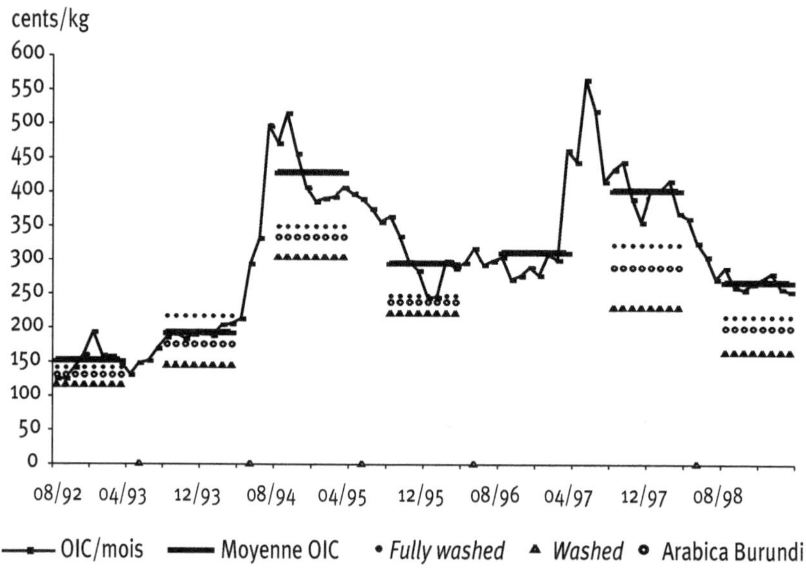

Figure 3. Evolution du prix moyen des enchères par rapport au prix de l'OIC.

Une stratégie éteinte du fait les événements sociopolitiques

L'amélioration de la qualité des cafés s'est interrompue le 21 octobre 1993 avec la guerre civile déclenchée par l'assassinat du président de la République burundaise. Les événements de 1993 ont entraîné d'importants déplacements de populations, tant à l'intérieur qu'à l'extérieur des frontières, et ont déstabilisé le pays pendant de nombreuses années. Ils ont fortement perturbé la société rurale et provoqué une chute de la production caféière et de la qualité des cafés.

La baisse de la qualité a eu une répercussion immédiate sur les prix du café burundais. Le différentiel des Arabica burundais par rapport au prix indicatif de l'OIC est passé de - 8 % avant les événements de 1993-1994 à - 20 % en 1994-1995, pour chuter au-delà de - 25 % en 1997 et en 1998. La baisse de la qualité est probablement imputable à l'état physiologique des caféiers plus qu'aux traitements postrécolte, puisque les stations de dépulpage-lavage et les usines de déparchage ainsi que les intervenants de la filière ont été maintenus pendant la période de trouble.

L'insécurité dans les campagnes a provoqué l'arrêt de l'entretien des caféières pendant la période 1994 à 1996. Cette absence d'entretien pendant plusieurs années a favorisé une forte concurrence des adventices et engendré des déséquilibres nutritionnels réduisant la quantité de café produit et sa qualité. Le manque de taille durant la période 1993-1996 a également été préjudiciable. En définitive, le système aérien du caféier vieilli ne présentait plus qu'un nombre limité de branches fructifères en tête de tige. Enfin, l'insuffisance de contrôle des ravageurs a conduit à une augmentation du taux de fèves défectueuses, voire de fèves avec des goûts indésirables consécutifs à des attaques d'insectes.

Conclusion

Ce descriptif de la filière du café burundaise met en évidence que la démarche de qualité développée au début des années 90 n'est en fait qu'une recherche de moyens pour accroître la valorisation d'un produit stratégique pour l'Etat burundais et vital pour les populations rurales de ce petit pays, où chaque famille rurale à moins d'un hectare de terre agricole pour subsister.

Les efforts de cette politique ont porté sur les principaux niveaux de la filière, de l'appui à la production, en passant par l'amélioration du traitement primaire, de l'usinage et du conditionnement jusque la réorganisation du secteur commercial. La libéralisation du traitement de postrécolte et le maintien de la propriété du produit jusqu'à la vente aux enchères ont permis de mettre en marché un plus fort pourcentage de café *fully washed* mieux valorisé que le café *washed*.

Enfin, si la filière est libéralisée, l'Etat burundais ne s'est pas retiré de la filière, loin s'en faut. Pour garantir la mise en œuvre de cette politique, l'Etat a chargé l'OCIBU d'assurer la collecte et le traitement des informations statistiques et techniques du secteur caféicole, de mettre gratuitement à la disposition des producteurs les intrants et pesticides que ceux-ci ne pourraient acheter pour protéger le verger et les productions, de contrôler le respect des processus de traitement du café, de certifier la classification des lots mis à l'exportation par les analyses dans son laboratoire indépendant et, enfin, d'organiser les ventes aux enchères publiques.

Les effets de cette politique et la répercussion des plus-values aux différents niveaux de la filière ont rapidement permis d'augmenter la proportion de café *fully washed*. La qualité de ces cafés *fully washed,* précédemment vendus entre 90 et 95 % du prix indicatif de l'OIC, a permis en 1994 d'obtenir des prix équivalent à 113 % du prix indicatif de l'OIC.

Malheureusement, les événements sociopolitiques de la fin de 1993 n'ont pas permis de voir l'aboutissement de cette politique, à savoir combiner l'effet des prix avec l'augmentation de la production de café *fully washed*.

Cameroun : maintenir la qualité à tout prix

Laurien Uwizeyimana

Beaucoup d'experts affirment aujourd'hui que l'avenir de la culture de l'Arabica d'Afrique tropicale passe par la promotion de la qualité, considérée comme nécessaire et suffisante. Cependant, cela implique que le marché valorise le surcoût occasionné par l'investissement dans la qualité. N'y a-t-il pas contradiction entre la production de qualité et la durée de vie commerciale, nécessairement limitée, d'un produit ? En effet, les processus et coûts de production sont à mettre en regard de la demande et du prix payé. Si la demande ou les prix varient, le producteur doit adapter sa stratégie de production. Si les prix diminuent mais que la demande en qualité reste constante, le défi du producteur est de réduire ses coûts de production sans altérer la qualité.

Pour analyser ce dilemme auquel peuvent être confrontés les caféiculteurs, nous observerons dans ce chapitre l'exemple des grandes plantations de caféiers Arabica de l'ouest du Cameroun, qui sont actuellement en pleine restructuration, avec très peu de place au caféier (figure 1).

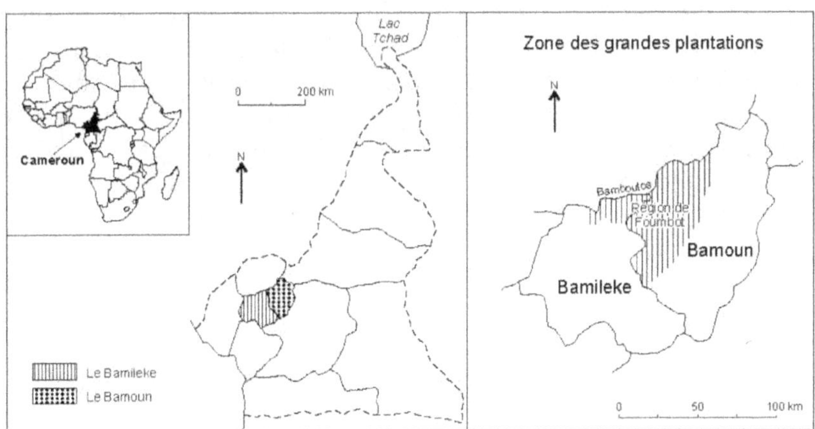

Figure 1. Localisation de la zone étudiée.

Des efforts soutenus
pour une production de qualité

Pour garder son autonomie d'approvisionnement en produits tropicaux lors de la reconstruction de son économie dévastée après la Première Guerre mondiale, la France se préoccupa de bonne heure de l'exploitation de ses colonies. Au Cameroun, elle pensa pouvoir s'appuyer sur les seuls planteurs européens, qui investirent rapidement le territoire du Noun. Dès le départ, la qualité constitua l'une des principales préoccupations de la métropole, qui imposa des mesures rigoureuses.

Une législation contraignante

A partir des années 30, la région de Foumbot fut quadrillée par de vastes concessions coloniales spécialisées dans la culture de l'Arabica. Dès 1950, 6 315 hectares étaient concédés, dont 2 500 plantés en caféiers. La production variait entre 900 et 1 500 tonnes de café marchand. Cette production avait besoin d'être écoulée, non seulement vers la métropole, mais aussi sur le marché mondial dominé par des cafés déjà reconnus (Colombie, Haïti, Brésil...). Il fallait donc prouver que le café du Cameroun était d'une qualité au moins égale à celle de ses concurrents, mais il n'existait aucune législation pour définir la qualité de ce café.

Après plusieurs réclamations de producteurs et de commerçants, le ministère de la France d'outre-mer s'attela à la tâche. Mais sur quels critères partir ? Fallait-il reproduire ceux des autres pays producteurs ? Après de nombreuses consultations, on décida de se fonder sur les défectuosités des grains, considérées comme la source principale de détérioration du goût et de l'arôme du café. La défectuosité considérée comme la plus grave fut celle de la fève noire, qui est préjudiciable non seulement à l'arôme, mais aussi à la saveur du café, alors que les grains cassés ou les matières étrangères n'affectent que la présentation générale des lots. La fève noire servit alors d'étalon et sa présence équivalait à 1 défaut (tableau 1). A partir de ce critère, 18 défauts furent répertoriés et classés suivant leur gravité : nous les avons regroupés en 8 catégories. Ainsi, la présence d'une fève puante, c'est-à-dire une fève d'aspect cireux, de couleur brunâtre et dégageant une odeur putride à la coupe, fut affectée d'un indice équivalent à 10 défauts, alors que la présence de cinq brisures fut affectée d'un indice équivalant à 1 défaut. Le décompte se faisait à partir d'un échantillon de 300 grammes de café marchand.

Tableau 1. Barème simplifié des défauts des cafés produits dans les territoires d'outre-mer.

Quantité d'éléments	Nature des défauts	Nombre de défauts
1	fève puante	10
1	fève noire	1
2	fèves en parche	1
5	brisures	1
5	fèves immatures	1
10	fèves scolitées	1
2 à 3	parches	1
2	gros bois	1

Le décret n°48-1075 du 02/07/1948 formalisa cette réglementation, spécifia la classification des cafés en types commerciaux et précisa les modalités de l'emballage et du contrôle des cafés. Six classes furent ainsi définies, avec comme valeur limite supérieure la présence de 140 défauts. Au-delà, le café était interdit d'exportation à l'exception de quelques catégories de brisures et de triages qui devaient porter la mention « déchets de traitement de cafés » pour que chacun en connaisse la nature. Le torréfacteur devait de son côté s'engager à ne pas les mélanger avec d'autres cafés.

L'exportation devait être réalisée dans des sacs neufs de 60 kilos. Dans un souci de traçabilité, ces sacs devaient porter des marques indélébiles, sur une face au moins, mentionnant le classement du lot, la marque spéciale du producteur et de l'exportateur. Sur la moitié inférieure, on devait indiquer le nom du territoire et de la variété du café en lettres capitales de 5 centimètres de haut, 4 centimètres de large et 1 centimètre d'épaisseur ! Tout lot qui comportait plus de 10 % de défectuosités, omissions, erreurs ou inexactitudes quant à l'emballage, mentions de spécifications, d'origine... recevait un bulletin « non conforme aux normes » et ne pouvait être exporté.

Quiconque voulait exporter du café devait recevoir l'aval des services de contrôle et du conditionnement, qui procédaient à des vérifications minutieuses. Ces services devaient, entre autres, vérifier au moins 10 % des quantités à exporter avec des sondages effectués à différentes hauteurs des sacs. Le contrôleur se réservait toutefois le droit d'inspecter une quantité plus importante et pouvait choisir ses échantillons par sondage ou par vidage des sacs. Dans les deux cas, les différentes prises étaient soigneusement mélangées et on en tirait un échantillon moyen final de 300 grammes. Le certificat de contrôle et donc le classement des lots n'était valable que pour une durée limitée (moins de quatre mois), pour autant que nulle altération n'ait déprécié la qualité du café entre-temps. Au-delà de cette période, si le café n'avait pas été exporté, il devait être examiné et classé de nouveau.

Les contraintes appliquées aux cafés des territoires d'outre-mer étaient plus sévères que celles appliquées par les principales bourses du café de l'époque (tableau 2). Les nombres de défauts étaient assez proches des bourses de New York et de Santos. Le tableau 2 met également en relief la similitude des défauts brésiliens et français. La valeur donnée à chacun d'eux ne diffère que très légèrement des cotations françaises. Les Brésiliens étaient toutefois moins regardants que les Français sur la présence de débris de branches ou de pierres. En effet, les modes de récolte alors en usage au Brésil (récolte à terre des cerises après égrappage) facilitaient l'introduction dans les cafés de telles matières étrangères.

Pour le traitement de postrécolte, on privilégia la voie humide par rapport à la voie sèche. En effet, même si la voie humide est plus coûteuse, elle procure un café de meilleure qualité.

Une difficile reconnaissance du café des grandes plantations sur le marché

Malgré une législation aussi contraignante, le café des territoires d'outre-mer eut beaucoup de mal à se faire reconnaître sur le marché mondial. Les cafés étrangers, ceux du Brésil par exemple, avaient l'avantage d'être connus depuis longtemps, avec des classements reconnus. Les prix offerts par les importateurs américains aux cafés des territoires d'outre-mer étaient relativement bas par rapport à ceux du Brésil ou de Colombie. En 1953, les cafés Arabica des grandes plantations étaient presque invendables sur le marché mondial. Les producteurs exigèrent l'intervention de l'Etat, pour obliger les importateurs de café d'Haïti en France à acheter 50 tonnes d'Arabica du Cameroun pour 100 tonnes de café d'Haïti. Ils réclamèrent aussi une subvention, pour faciliter les exportations des cafés des territoires d'outre-mer vers l'Europe et l'Amérique.

Afin de se conformer aux exigences des consommateurs, les producteurs des grandes plantations créèrent, en 1947, la Coopérative des planteurs agricoles du Noun (COOPAGRO), qui eut pour mission de servir d'interface avec le marché. Cette coopérative fut peu opérationnelle jusqu'en 1959 lorsqu'elle se fixa les objectifs suivants :
– mettre en place des services communs pour l'approvisionnement en engrais et en fournitures des exploitations, pour l'obtention de subventions et pour l'acquisition de matériels et de produits phytosanitaires pour les plantations ;
– défendre les droits des producteurs face aux prétentions de l'Etat en matière de charges fiscales ;
– fournir sur le marché international un produit de qualité compétitif par rapport aux autres pays producteurs avec une image de marque reconnue internationalement afin de négocier les prix les plus rémunérateurs.

Tableau 2. Classement des cafés selon les principales places de négoce (d'après Uwizeyimana, 1999).

Type de café	France métropolitaine (Décret du 02.07.1948) (300 g)	Green Coffee Association Food and Drug Administration, (300 g) New York	Brésil, bourse de Santos (350 g)
Gradé choix	Grains homogènes de forme, de grosseur et de couleur Moins de 8 défauts Aucune fève noire	Moins de 8 défauts	Moins de 8 défauts
Extra prima	Lots de couleur homogène Moins de 15 défauts 5 fèves noires maximum	13 défauts maximum	13 défauts maximum
Prima	Lots de couleur homogène 30 défauts maximum 10 fèves noires maximum	30 défauts maximum (éventuellement 30 fèves noires)	30 défauts maximum (dont 25 fèves noires au maximum)
Supérieur	Lots d'aspect général homogène de couleur 30 défauts maximum	30 défauts maximum	de 57 à 61 défauts maximum
Courant	120 défauts maximum	120 défauts maximum	de 115 à 123 défauts maximum
Limite	240 défauts maximum	240 défauts maximum	240 défauts maximum
Brisures	Même variété botanique Moins de 5 % en poids de fèves noires ou de brisures Moins de 1,5 % en poids de matières étrangères	480 défauts maximum de matières étrangères	Moins de 1,5 % en poids
Triages	Moins de 3 % en poids de matières étrangères Moins de 2 % de petites brisures de 4 mm de diamètre Comprennent des grains noirs et des fèves défectueuses	moins de 850 défauts	

Pour mieux vendre sur le marché mondial, elle eut recours à des techniques de marketing déjà éprouvées au Congo belge. Un ou plusieurs sacs de café étaient envoyés gratuitement à un certain nombre de torréfacteurs américains choisis parmi les plus grandes firmes.

Cette politique finit par porter ses fruits, puisque le café des grandes plantations fut apprécié au même titre que les cafés les mieux cotés sur le marché. Ils rivalisèrent, par exemple, avec les cafés de Colombie avec des cours tantôt plus élevés, tantôt plus faibles

Existe-t-il une adéquation entre qualité et prix du café ?

L'hypothèse de départ postule une corrélation positive entre prix et qualité. Dans ces conditions, le prix détermine en grande partie la stratégie des producteurs, puisqu'il est supposé rémunérer la qualité. Mais qu'en est-il réellement ?

Une relation ambiguë entre prix et qualité

Dans l'esprit du législateur de 1948, la conformité aux nouvelles normes devait être récompensée par des prix rémunérateurs. La qualité était alors considérée comme primordiale pour obtenir des prix satisfaisants et des débouchés sûrs, difficiles à trouver quand la qualité était médiocre. Les textes d'application du décret avaient même prévu un barème de prix en rapport avec la qualité (tableau 3). Cependant, la production des cafés haut de gamme demandaient de tels investissements que les producteurs exigèrent que l'écart de prix entre « gragé choix » et « extra prima » soit porté de 7 000 à 15 000 francs.

Tableau 3. Prix du café Arabica produit au Cameroun en fonction de la qualité (d'après les archives de la COOPAGRO).

Qualité du café	Prix de la tonne en anciens francs	Différence
Gragés	95 000	
		7 000
Extra prima	88 000	
		6 000
Prima	82 000	
		6 000
Supérieurs	76 000	
		6 000
Courants	70 000	
		6 000
Limites	64 000	
		6 000
Brisures	58 000	
		3 000
Triages	55 000	

Pendant une certaine période, le marché sembla effectivement tenir compte de ces réalités. Ainsi en 1957, les cours s'échelonnèrent, par kilo et aux conditions CAF ports métropolitains, de 67 500 à 68 000 francs pour les cafés gragés choix bien préparés. Les cafés nature (courants ou supérieurs) se négocièrent de 57 000 à 58 000 francs, mais n'atteignirent jamais les prix planchers fixés et ne compensèrent donc pas totalement les efforts investis dans la qualité.

L'analyse de l'évolution des prix sur une longue période montre que la qualité a toujours été inégalement rémunérée selon les années. Par ailleurs, la quantité produite semble indépendante des cours mondiaux (tableau 4).

Tableau 4. Production et cours des cafés de la COOPAGRO (d'après les archives de la COOPAGRO).

Années	Production totale (t)	Prix moyen sup./prima/ extra prima (F)	Prix moyen cafés natures (F)	Prix moyen brisures et triages (F)	Cours moyen (F)
1962	772,743	—	—	—	4,436
1963	1 388,040	4,759	3,770	2,941	4,552
1964	921,058	5,536	4,840	3,690	5,163
1965	934,800	5,348	4,338	2,906	5,185
1966	1 455,630	5,519	4,122	3,045	5,077
1967	1 240,740	4,939	4,063	2,868	4,508
1968	1 122,634	4,817	3,248	3,248	4,580
1969	863,048	5,062	3,924	2,828	4,694
1970	846,433	6,588	6,252	2,759	6,443
1971	906,627	6,395	6,157	3,769	6,041
1972	1 259,820	5,893	5,114	3,897	5,611
1973	1 156,372	6,530	4,740	3,743	6,273
1974	708,402	7,884	6,446	4,460	7,353
1975	734,421	6,698	5,921	4,993	6,606
1976	1 091,294	10,658	7,413	7,413	10,570

En effet, entre 1962 et 1969, les grandes plantations exportèrent une moyenne annuelle de 1 087 tonnes au prix moyen de 4,774 francs. Entre 1970 et 1976, les cours grimpèrent à 6,985 francs (moyenne sur sept ans) et pourtant les exportations moyennes ne dépassèrent pas 957,58 tonnes. Pour la période 1962-1976, la corrélation entre production et prix est très faible ($r = - 0,28$ et R^2 de 8,2 %). La valeur négative du coefficient de corrélation semble même indiquer que l'augmentation des prix pourrait se traduire par une diminution de la production. La figure 2 illustre cette absence de relation entre production et prix.

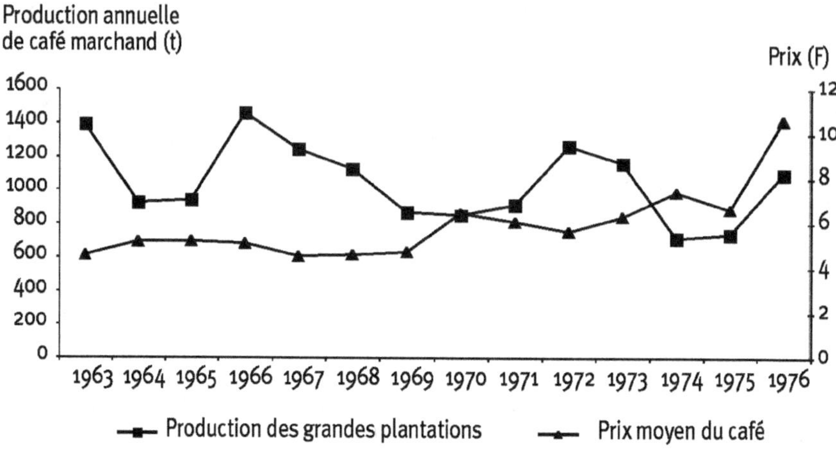

Figure 2. Evolution de la production et des prix du café Arabica des grandes plantations de l'ouest du Cameroun.

De fait, la production caféière répond difficilement à l'incitation du marché à court terme car le caféier ne peut produire que 3 à 5 ans après la plantation. De plus, les grandes plantations avaient privilégié des méthodes de production extensives, qui atteignent rapidement le stade des rendements décroissants, et la plupart d'entre elles avaient un âge compris entre 30 et 40 ans ! Elles avaient donc un impérieux besoin de renouvellement et, dans ces conditions, il était illusoire de songer à augmenter la production, même en période de hausse des cours. Il faut enfin évoquer le cycle végétatif du caféier, qui ne permet pas une production soutenue d'année en année.

Le rapport entre le prix des qualités supérieures, nature et inférieure est l'indicateur qu'observent les planteurs pour évaluer l'intérêt d'une politique de qualité. Un diagramme semi-logarithmique (figure 3) permet de visualiser ce rapport. Sur ce diagramme, la distance entre les courbes (différences entre ordonnées pour une année donnée) n'est autre que le logarithme du rapport entre les prix[1]. Concrètement, plus l'écart entre les courbes diminue sur le digramme logarithmique, moins le planteur a intérêt à miser sur la qualité. Deux périodes semblent se différencier : entre 1962 et 1969, la distance entre les courbes reste à peu près constante et donc l'avantage de la qualité est maintenu constant sur cette période ; entre 1970 et 1976, un resserrement graduel des courbes est observé. Le marché rémunère donc de moins en moins la qualité.

---

1. Ln (prix café supérieur) - ln (prix brisure) = Ln (prix café supérieur / prix brisure).

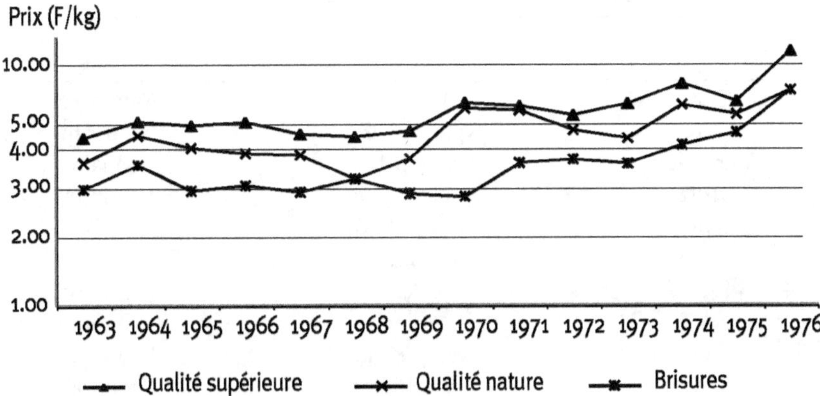

Figure 3. Evolution des prix des différents types de café des grandes plantations entre 1963 et 1976 (diagramme semi-logarithmique).

Cette évolution différentielle selon les deux périodes identifiées pourrait être liée à l'évolution des prix. En effet, les prix moyens restent stables entre 1962 et 1969 alors qu'ils augmentent entre 1970 et 1976. Les acheteurs seraient donc prêts à sacrifier la qualité pour économiser à l'achat lors des périodes de hausses des cours du café. Par voie de conséquence, la qualité ne serait pas ou serait moins rémunérée pendant les périodes de hausses des cours.

Le relâchement sur la qualité et la faillite des grandes plantations

Le marché ne rémunère donc pas toujours la qualité. Malgré tout, ce même marché est impitoyable pour les producteurs qui ne s'en préoccupent pas : se construire une renommée de qualité peut être long mais la perdre peut être très rapide. L'exemple des grandes plantations de l'ouest du Cameroun est à cet égard éloquent.

A partir des années 70, la majorité des grandes plantations passa aux mains de nationaux. Il s'agissait en fait de hauts fonctionnaires ou d'hommes d'affaires résidant à Yaoundé ou à Douala (tableau 5), qui n'avaient aucune connaissance de la culture de l'Arabica. En 1975 par exemple, seulement trois des douze propriétaires résidaient près de leur plantation ! Ces acquisitions leur permettaient de faire des bénéfices rapides à court terme, mais aussi et surtout de consolider leurs positions sociales en devenant des propriétaires fonciers dans un contexte de grande pression sur la terre.

Tableau 5. Rétrocession ders grandes plantations aux nationaux.

Propriétaires en 1965	Propriétaires en 1975	Résidence principale du propriétaire
COC	Mfochivé	Yaoundé
CIAC	Ngueyewang	Bafoussam
Guerpillon	Nsangou Max	Douala
Drotz	Ndam Njoya	Yaoundé
Lallia	Mbombo Njoya	Foumban
SACA	Nchouwet	Yaoundé
SAN	GAM	Foumbot
SAF	Abier	Mangoum
SPHB	Menguémé	Faoundé
SPM	Fotso Victor	Yaoundé
Pallier	Pamansié	Yaoundé
Trolliet	Trolliet	Mangoum

Leur méconnaissance des mécanismes régissant le marché et l'appât du gain facile causèrent des torts sans doute irréversibles à la caféiculture des grandes plantations, dans la mesure où le recours à la qualité dans les moments de chute des cours devint impossible.

De fait, le marché, alors en pleine ébullition, acceptait à peu près tout ce qu'on lui offrait. Ainsi, la plupart des grands propriétaires, obnubilés par la possibilité de gains rapides, abandonnèrent les préoccupations de qualité et se lancèrent dans des opérations de « coxage ». Ils achetaient le café des paysans généralement de qualité médiocre et l'exportait sous le label COOPAGRO, en espérant escroquer les négociants par la livraison de cafés ne correspondant pas aux échantillons expédiés.

Les acheteurs découvrirent la supercherie et portèrent l'affaire devant les tribunaux, qui condamnèrent les planteurs à de très fortes amendes. En conséquence, les clients des grandes plantations se reportèrent vers des cafés d'autres provenances et le label COOPAGRO fut disqualifié pour de longues années, car il fut inscrit dans les registres de la commission spéciale chargée de diffuser les noms des mauvais livreurs. Lors de l'effondrement des cours consécutif à l'ouverture des marchés dans les années 80, le seul atout sur lequel pouvaient jouer les grandes plantations était la qualité mais elles ne pouvaient plus y avoir accès : le marché n'avait plus confiance. En fait, la demande avait totalement changé de nature et la qualité était redevenue le seul critère pertinent pour vendre. La mission de la COOPAGRO, qui consistait à servir de médiateur entre les producteurs et le marché, prit fin. La quantité de café produite par les grandes plantations ne cessa de chuter depuis lors et actuellement seules trois plantations (Drotz, Monastère et Vacalopoulos) sont encore en production, mais elles n'exportent plus que 70 tonnes par an avec moins de 250 hectares plantés.

Conclusion

Après toutes ces observations, pourrait-on dire encore que le salut de la culture de l'Arabica réside dans la promotion de la qualité ? On serait alors tenté de répondre : oui, mais pas uniquement. L'exemple des grandes plantations de l'ouest du Cameroun, quoique partiel, prouve bien qu'il est suicidaire de passer outre aux exigences de la qualité. Mais, dans le même temps, l'évolution de la demande n'est pas linéaire et elle s'adresse tantôt à tel type de produit, tantôt à tel autre. La difficulté réside pour le producteur dans le fait qu'il doit conjuguer l'impératif de la qualité à la nécessité de s'adapter aux changements de goût du consommateur, lui-même d'ailleurs fortement influencé par les grands groupes qui dominent le marché. L'investissement dans la qualité ne peut être rentable qu'à moyen terme mais si entre-temps la demande a changé de nature, le surcoût n'est pas rémunéré. La tentation sera alors grande de se rabattre sur les productions de bas de gamme avec tous les risques que cela comporte. La qualité n'est pas gage de profit mais l'absence de qualité entraîne des sanctions sur le marché.

Références bibliographiques

Bart F. Le café et son environnement alimentaire : paysages et paysans face à la crise. Géodoc n. 38, série Moca n. 2, 85 p.

Bart F., Charlery de la Masselière B., Calas B., 1998. Caféicultures d'Afrique orientale : territoires, enjeux et politiques. Paris, France, Karthala-IFRA, 310 p.

Courade G., 1991. La liquidation des joyaux du prince : les enjeux de la libéralisation des filières café-cacao au Cameroun. Politique africaine, 44 : 121-128.

Courade G., 1991. L'Union centrale des coopératives agricoles de l'Ouest-Cameroun (UCCAO) : de l'entreprise commerciale à l'organisation paysanne. Revue tiers monde, 32 (128).

De Loucas, 1994. Crise de l'arabiculture et mutations rurales sur le plateau Bamoun (Cameroun). Thèse de doctorat, université de Yaoundé, Cameroun.

Dongmo D. Le devenir de deux exploitations européennes de Babadjou. Revue de géographie du Cameroun, 3 (1) : 27-32.

Fotsing J.M., 1995. Compétition foncière et stratégies d'occupation des terres en pays bamiléké. *In :* Dynamique des systèmes agraires : terre, terroir, territoire, les tensions foncières. Paris, France, ORSTOM, Colloques et séminaires, p. 131-148.

Janin P., 1996. Tout change pour que tout reste pareil : ruptures et continuités en économie de plantation bamiléké et beti (Cameroun) en période de crise. Cahiers des sciences humaines, 32 (3) : 577-596.

Losch B., 1991. Stratégies des producteurs en zone caféière et cacaoyère du Cameroun : quelle adaptation à la crise ? Montpellier, France, CIRAD, Documents systèmes agraires, n. 12, 254 p.

Morin S. Colonisation agraire, dégradation des milieux et refus de l'innovation dans les hautes terres de l'Ouest-Cameroun. *In :* Innovation et développement rural dans les pays tropicaux. Talence, France, CEGET-CNRS, Espaces tropicaux, n. 8, p. 107-127.

Moupou M., 1991. L'organisation de l'occupation du sol en pays bamoun. Thèse de doctorat, université Aix-Marseille II, 446 p.

Ngongang H., 1987. La Compagnie Ouest-Cameroun dans la région de Foumbot de 1930 à 1960 : une analyse historique. Mémoire de maîtrise, université de Yaoundé, Cameroun, 112 p.

Ruf F., 1994. Le cacao : cycles, coûts, externalités. Quelle place pour le politique? Revue française d'économie, 3 : 149-198.

Tulet J.C., Charlery de la Masselière B., Bart F., Pilleboue J., 1994. Paysanneries du café des hautes terres tropicales : Afrique et Amérique latine. Paris, France, Karthala, 368 p.

Uwizeyimana L., 1999. Difficile reconversion des anciennes plantations de café Arabica dans la province de l'Ouest-Cameroun. Caravelle, 14 : 17-31.

Uwizeyimana L., Kuete M., 2000. Déprise caféière et mutations socio-économiques sur les hautes terres de l'Ouest-Cameroun. Géodoc n. 51, série Moca n. 8, 147 p.

Amérique centrale et Caraïbe : amélioration variétale et qualité

Benoît Bertrand, Hervé Etienne,
Fabrice Davrieux, Bernard Guyot

L'arabicaculture d'Amérique centrale et de la Caraïbe est pratiquée dans les zones montagneuses. Elle se caractérise par une grande diversité des reliefs et des microclimats et une faible disponibilité de terres agricoles. La baisse prolongée des cours du café a plongé les producteurs de cette région dans une situation dramatique, qui entraîne des abandons de plantations, des déplacements de population et même des cas de famine dans le nord du Nicaragua. Lorsque les cours remonteront, le verger aura fortement souffert et une partie sera à renouveler. Le choix de la variété lors du renouvellement du verger s'inscrit dans une triple stratégie de conquête de nouveaux marchés rémunérateurs, de diminution des coûts de production et de durabilité écologique du système de culture.

Depuis plusieurs années, les producteurs font l'objet de pressions accrues pour une plus grande durabilité écologique. En effet, la société civile – associations écologiques, organisations de consommateurs, opinion publique – insiste pour que soit préservée ou augmentée la biodiversité existant au sein des exploitations caféières. La crise des prix ne remet pas en question cette tendance lourde : pour améliorer la durabilité écologique, les stratégies choisies par les producteurs doivent s'accompagner d'une diminution de l'usage des pesticides et des engrais, notamment azotés. Les variétés sont des éléments clés de la durabilité écologique d'une caféiculture du fait qu'elles ont des exigences en intrants différentes et des résistances aux maladies variables.

La durabilité économique semble bien passer par la production d'un café de qualité. En Amérique centrale et dans la Caraïbe, un petit nombre de producteurs ont misé depuis longtemps sur la qualité du café et négocient leur café à des prix de vente de l'ordre de 1,3 à 2 fois le cours de la bourse. Pour ces producteurs, le choix de la variété n'est pas neutre. Mais sur quels attributs de la qualité liés à la variété ces producteurs fondent-ils une partie de leur stratégie commerciale ?

Pour la suite de l'exposé, la filière sera découpée schématiquement en trois types d'acteurs : le consommateur, les acheteurs-torréfacteurs, le producteur. Par souci de simplification le rôle de l'acheteur sera confondu avec celui du torréfacteur car le premier achète la matière première que lui commande le second. Le point de vue du sélectionneur viendra s'ajouter aux trois précédents.

Le premier chapitre de cet ouvrage a développé les différentes appréciations de la qualité selon les acteurs de la filière du café. Ces différences se répercutent également sur le choix des variétés. Le producteur peut choisir des variétés pour augmenter la productivité, mais ces mêmes variétés peuvent entraîner une baisse, ou au moins une modification, de la qualité. A l'égard des nouveautés variétales, l'attitude des torréfacteurs est conservatrice. En effet, les torréfacteurs préfèrent jouer sur les mélanges, la torréfaction et la mouture, ce qui leur permet de s'affranchir en partie des variations, en quantité et en qualité, des approvisionnements en matière première. Dès lors, comment réconcilier ces points de vue divergents ? Quels critères de sélection adopter pour l'amélioration variétale ? Nous aborderons ce sujet en analysant les différents regards portés par les acteurs sur l'incidence des caractéristiques de la variété dans leur activité économique, puis nous indiquerons comment l'amélioration variétale peut se mettre au service de la qualité et de la durabilité au sens large des caféières et de leur environnement en Amérique centrale et dans la Caraïbe.

Le point de vue des acteurs de la filière sur la variété

Le consommateur

Le café est majoritairement vendu en mélange et moulu. Le consommateur ne peut donc pas percevoir de différences entre différentes variétés. A notre connaissance seule la variété Maragogype (variétés Pacamara ou Maracaturra ou Maragogype) est vendue au détail par de petits torréfacteurs détaillants. Cette variété présente en effet des grains très grands, de forme caractéristique, qui constituent un attribut de qualité facilement identifiable par le consommateur.

Le torréfacteur

Un marché échaudé par de « mauvaises rencontres »

Pour l'acheteur de café, les différences variétales dans la qualité de la matière première ne sont pas faciles à percevoir. En effet, les introductions de nouvelles variétés sont toujours progressives. Il y a donc une longue période pendant laquelle le café produit dans la région ou le pays concerné est un mélange du café produit par les variétés traditionnelles et de celui produit par la nouvelle variété. La région sud du Costa Rica illustre bien cette situation. Les producteurs ont sélectionné eux-mêmes une variété à maturation tardive, appelée localement Lerdo ou Veranero, qui leur permet une récolte en saison sèche, c'est-à-dire quand les chemins sont praticables. Cette variété s'est révélée de très mauvaise qualité après analyses sensorielles (ICAFE, données non publiées ; Bertrand, 2002). En effet, cette variété est issue de différents croisements spontanés avec d'autres variétés comportant des gènes de *C. canephora* (Robusta) (Anthony *et al.,* 2002). Cependant, il aura fallu plus de vingt ans avant que les torréfacteurs identifient la variété comme probablement responsable de la médiocre qualité du café produit dans cette zone. A leur demande, l'ICAFE (Instituto de Café de Costa Rica), qui a procédé aux analyses sensorielles, œuvre depuis 2001 pour l'arrachage de cette variété et son remplacement par le Caturra.

A l'opposé, une variété peut être rejetée par le marché sans réel fondement. Ce fut le cas de la variété CR95. Cette variété de type Catimor est dérivée de l'Hybride de Timor, un hybride naturel entre *C. arabica* et *C. canephora*. Elle a été sélectionnée pendant plus de trente ans, et a fait l'objet d'un lancement officiel remarqué en 1995. Trop remarqué peut-être, puisque les torréfacteurs l'ont condamnée dès 1997, avant même que les superficies plantées puissent avoir une quelconque influence sur la qualité globale du café produit au Costa Rica. Les torréfacteurs avaient été échaudés par la diffusion, de 1990 à 1995 sur de grandes surfaces et en l'absence de tout contrôle officiel, de variétés qui présentaient de réels problèmes de qualité. Ces variétés étaient de type Catimor. La variété CR95 a été rejetée simplement parce qu'elle était également du type Catimor. Des analyses sensorielles menées trois années consécutives sur des centaines d'échantillons, suivant des procédures strictes, ont prouvé que la variété CR95 n'était que légèrement inférieure au Caturra (ICAFE, données non publiées ; Bertrand, 2002). Cette légère infériorité ne méritait sans doute pas l'indignité dont les torréfacteurs frappent encore la variété CR95. Aujourd'hui, cette variété n'est officiellement plus diffusée par l'ICAFE au Costa Rica.

Les normes industrielles : un frein au progrès génétique

Pour les grands torréfacteurs – Philip Morris, Nestlé, Sara Lee, Procter et Gamble, Tchibo, qui représentent 69 % du marché (Ponte, 2001) –, le café en grains est une matière première qui leur permet de créer des « produits » en jouant sur les moutures, les mélanges *(blend)*, les torréfactions et le marketing. De la sorte, ils ont conquis des segments de marché et ont créé des produits qui sont recherchés par les consommateurs. Le principal souci d'un torréfacteur est de recréer constamment le même produit car le consommateur exige une qualité constante. Pour assurer cette constance, le transformateur doit jouer sur les pourcentages des origines entrant dans le mélange, les temps de torréfaction optimaux pour chacune des origines… Les volumes traités sont très importants et il est coûteux de modifier ces équilibres. C'est une contrainte souvent sous-estimée par les producteurs. Pour les grands torréfacteurs, il est donc primordial de disposer de café en quantité et d'une qualité la plus constante possible (granulométrie, dureté, comportement durant la torréfaction et qualité à la tasse stables). L'introduction d'une nouvelle variété est d'abord ressentie comme une menace pour l'équilibre trouvé.

Chez les petits torréfacteurs, il existe des marchés niches, qui utilisent la variété comme porte d'entrée, comme le Maragogype déjà cité. Cette stratégie n'est pas utilisée par les grands torréfacteurs.

Le producteur

La plupart des producteurs ignorent la qualité du breuvage issu du café produit dans leur exploitation. Le producteur traditionnel minimise l'importance de la qualité pour le marché – ou il n'en est pas informé. Il choisit les variétés en fonction de leur productivité, de leur granulométrie et de leur résistance aux maladies mais ne considère pas les attributs de la qualité à la tasse. Seuls des attributs facilement et immédiatement identifiables, comme la granulométrie ou la forme des grains, conférés en grande partie par la variété, seront éventuellement pris en compte. Cependant, du fait de l'actuelle crise des prix, les producteurs commencent à prendre conscience des contraintes du marché, même s'ils ne les comprennent pas toujours. Incités par certains torréfacteurs, un nombre grandissant de producteurs cultivent les variétés Bourbon ou Typica. Ces deux variétés ne sont ni productives, ni précoces, ni résistantes aux principales maladies (Bertrand et Rapidel, 1999) mais produisent un café de qualité satisfaisante pour le torréfacteur. Dès lors, leur utilisation peut menacer la rentabilité de l'exploitation et donc sa durabilité si le café produit n'est pas mieux rémunéré que celui provenant d'un Caturra ou d'un Catimor.

Le sélectionneur

Par une démarche intégrative, le sélectionneur essaie de concevoir et de diffuser des variétés qui présentent des attributs de qualité rémunérés par le marché et dont l'utilisation permet d'accroître la durabilité écologique et économique de l'exploitation agricole. Cette démarche ne relève pas d'une science exacte. Elle aboutit d'ailleurs souvent à des variétés imparfaites. Pour beaucoup d'espèces cultivées, les sélectionneurs proposent un large choix de variétés, qui sont recensée dans des catalogues variétaux volumineux. Pour le caféier, le catalogue est particulièrement mince. Cela s'explique par le coût de la création variétale, par la longueur des cycles de reproduction du caféier, plante pérenne, et par la faiblesse de la base génétique introduite historiquement en Amérique latine (Anthony *et al.,* 2002).

Un autre aspect important est que le sélectionneur a toujours plus pris en compte les attentes des producteurs que celles des torréfacteurs. Dans la filière du café, cette situation tient au fait que les producteurs financent généralement la recherche et sont plus proches géographiquement des stations de recherche que les torréfacteurs.

Les avantages d'un cultivar sont toujours relatifs à un standard. En Amérique centrale, le standard est le Bourbon (et son dérivé le Caturra). Par rapport au type Bourbon, on trouve schématiquement trois types de variété :
– celles qui permettent de réaliser des économies de main-d'œuvre et de pesticides. Il s'agit de cultivars plus précoces, plus productifs et plus résistants. Leur adoption permet de diminuer le coût de production d'un kilo de café ;
– celles qui présentent des attributs de qualité particuliers, directement reconnaissables par le marché (taille des grains, par exemple). La rareté du produit explique des prix d'achat élevés. La hausse du prix d'achat permet de financer l'effort de reconversion ;
– celles qui permettent d'augmenter la qualité de la matière première (à condition que celle-ci soit reconnue par le marché).

Quelles variétés pour quelles stratégies ?

Nous distinguons trois stratégies correspondant chacune à un choix de variétés différent : deux visent la conquête de nouveaux marchés plus rénumérateurs – les stratégies Maragogype et conservatrice – la troisième a pour objectif l'augmentation de la productivité et de la durabilité du système de culture et le maintien de la rénumération – la stratégie de la révolution doublement verte.

Dans le tableau 1, nous indiquons les choix qui se présentent au producteur pour les trois stratégies envisageables.

La stratégie Maragogype

Il existe des marchés en expansion pour les cafés dont les attributs sont directement reconnaissables par le consommateur. Certaines variétés produisent un café répondant aux conditions de ce marché. Outre le Maragogype déjà cité, le Bourbon pointu, ou Laurina, se caractérise par une graine petite et pointue très reconnaissable et par un taux de caféine inférieur à la moitié de celui du Bourbon normal. Ces deux variétés sont en revanche peu productives (300 à 600 kilos de café marchand par hectare pour le Bourbon pointu) et sensibles aux principales maladies du caféier. Dans le tableau 1, les améliorations qui pourraient être apportées à ces variétés sont indiquées. Une nouvelle variété – le Bourbon LC –, proche du Laurina mais plus productive pourrait être mise sur le marché prochainement (Söndahl, 2001). De même une variété *caffein free* serait en cours de création à Hawaii (Stiles J., comm. pers.). La stratégie Maragogype est en général adoptée par des producteurs grands et moyens et ne constituent qu'une petite partie de leur verger. Elle peut être utile dans les grandes exploitations pour donner une image de production de cafés spéciaux de grande qualité. Elle est difficilement recommandable pour les petits producteurs, car les variétés disponibles sont peu rustiques et demandent une forte technicité et beaucoup d'intrants.

La stratégie conservatrice

Cette stratégie est utilisée dans le cas du Blue Mountain. Ce café d'origine est connu pour sa qualité, qui est rémunérée plus du triple du cours mondial. Pour l'association de producteurs de Blue Mountain, l'une des raisons du succès provient de la variété traditionnelle Typica, qui est cultivée sous ombrage, à faible densité et selon un itinéraire technique qui évite tout excès de production (rapport entre feuilles et fruits proche de l'optimal). Le café est ensuite lavé et surtout séché puis trié très soigneusement. Beaucoup de producteurs en Amérique centrale et dans la Caraïbe pensent à juste raison pouvoir égaler ce modèle. Quelle est la part de la variété dans ce succès ? Sans doute faible, le même résultat pouvant vraisemblablement être atteint avec d'autres variétés judicieusement choisies. La difficulté de ce type d'approche est de faire reconnaître par le marché des attributs de qualité non visibles de type origine, terroir, itinéraire technique. La réputation du Blue Mountain sur le marché est le fruit d'une longue promotion. Pour atteindre un résultat comparable, il faut investir des sommes considérables pour prouver la relation indiscutable entre l'origine et certains attributs de qualité, puis pour le marketing. Seuls des groupements de producteurs, disposant d'un capital important, pourraient choisir cette stratégie.

Tableau 1. Choix des cultivars en fonction des stratégies commerciales en Amérique centrale.*

Cultivar	Qualité	Productivité	Résistance et rusticité	Mode de propagation	Statut juridique	Recommandation
Marchés plus rémunérateurs : stratégie Maragogype**						
Maragogype (Maracaturra, Pacamara)	Taille : très grande, forme : défectueuse caractéristique	Peu productif, cultivar non stable	Pas de résistances, fragile	Clonage recommandé, végétatif	Non protégé	Ombrage
Bourbon pointu, Laurina	Forme : pointu, taille : petite, caféine : 50 %	Très peu productif, cultivar non stable	Très sensible à la rouille, très fragile	Clonage recommandé, végétatif	Non protégé	Ombrage
Dérivés de Laurina, Caffein Low, Bourbon LC	Forme : ? taille : ? caféine : 50 %	Moyennement productif	Pas de résistances, fragile ?	Végétatif	Protégé	Ombrage
Cafein Free	Caféine : < 10 %		Pas d'informations	Végétatif ?	Protégé	Ombrage
Marchés plus rémunérateurs : *stratégie conservatrice* ou *stratégie des indications géographiques****						
Typica	Réputation de très bonne qualité à la tasse	Moyennement productif, manque de précocité	Pas de résistances, mais rustique	Génératif	Non protégé	Ombrage
Bourbon	Réputation de bonne qualité	Productif, manque de précocité	Pas de résistances, mais rustique	Génératif	Non protégé	Ombrage
Java	Réputation à construire, bonne à très bonne qualité à la tasse ?	Moyennement productif, manque de précocité, cultivar non stable	Résistance incomplète : rouille et CBD, rustique	Génératif	Non protégé	Ombrage
Hybrides F1 non introgressés	Réputation à construire, bonne à très bonne qualité à la tasse ?	Productif à très productif, précoce	Résistance incomplète : rouille et certains nématodes pour certains F1, rustique	Génératif ou végétatif	En cours de protection	Ombrage

* Les objectifs à atteindre sont l'augmentation de la rentabilité et la durabilité de l'agrosystème. Les recommandations sont valables pour une culture située entre 800 et 1 300 mètres d'altitude (80 % des cultures d'Amérique centrale). Pour les grandes exploitations, plusieurs stratégies peuvent être combinées. La rentabilité peut être accrue soit en augmentant le prix d'achat du café (marchés plus rémunérateurs) soit en améliorant la productivité de l'exploitation agricole. Schématiquement, la culture sous ombrage d'arbres associés au caféier maintient la biodiversité alors que le système de plein soleil à haute densité l'appauvrit.

? : signifie que les recherches sont en cours. Les stratégies en italique sont celles qui contribuent le plus à la préservation du milieu. Les cultivars en italique sont adaptés à l'agroforesterie, leur productivité est équivalente à celle du standard Caturra cultivé en plein soleil.

** La stratégie Maragogype est ainsi nommée car les attributs de qualité des cultivars utilisés fondent la stratégie. Dans cette stratégie, les attributs sont directement perceptibles par le marché.

*** Les stratégies conservatrices ou des indications géographiques sont plus exigeantes. Elles ne peuvent être développées qu'à partir de cultivars de qualité reconnue (authentifiée). C'est le cas des cultivars Typica, Bourbon et, dans une moindre mesure, Caturra et Catuai. Pour les hybrides F1 ou la variété Java, la réputation de qualité sur le marché est à construire. Dans ces stratégies, le cultivar est une condition nécessaire mais non suffisante.

Tableau 1. *Suite*

Cultivar	Qualité	Productivité	Résistance et rusticité	Mode de propagation	Statut juridique	Recommandation
Augmentation de la productivité et de la durabilité du systéme de culture et maintien de la rénumération : stratégie de la révolution doublement verte****						
Caturra, Catuai, Pacas	Qualité standard à la tasse	Productif, précoce	Pas de résistances, peu rustique	Génératif	Non protégé	Plein soleil, haute densité
Hybrides F1 non introgressés	Bonne à très bonne qualité à la tasse ?	Productif à très productif, précoce	Résistance incomplète : rouille et certains nématodes pour certains F1, rustique	Génératif ou végétatif	En cours de protection	Ombrage
Hybrides F1 introgressés	Bonne à très bonne qualité à la tasse ?	Très productif, très précoce	Résistance : rouille, *M. exigua*, CBD pour certains F1, rustiques	Génératif ou végétatif	En cours de protection	Ombrage
Catimor	Standard à mauvaise	Productif, précoce	Résistance : rouille, *M. exigua*, CBD pour certains Catimor, peu rustique	Génératif	Non protégé	Plein soleil, haute densité
Venezia	Standard ?	Productif, précoce, maturation tardive	Forte sensibilité à la rouille, peu rustique	Génératif	Non protégé	Plein soleil, haute densité
Lerdo	Mauvaise	Productif, précoce, maturation très tardive	Résistance incomplète à la rouille ?, rustique	Cultivar non stable, génératif	Non protégé	Plein soleil, haute densité

**** La stratégie d'augmentation de la productivité de l'exploitation agricole repose sur des cultivars de port nain, cultivés à haute densité dans des conditions qui vont de l'ombrage léger au plein soleil. Les très fortes productions des hybrides F1 devraient permettre d'atteindre les niveaux de productivité des standards Caturra et Catuai, mais dans un système agroforestier avec un ombrage moyen. Le cultivar Lerdo n'est utilisable qu'en cas de culture marginale si les conditions de récolte sont limitantes.

La stratégie de la révolution doublement verte

Historiquement, cette stratégie, poursuivie par les programmes d'amélioration génétique d'Amérique latine, est fondée sur deux concepts : la création de variétés résistantes aux maladies à partir de l'introgression[1] de gènes de résistance provenant de l'Hybride de Timor et l'augmentation de la production par unité de surface avec les variétés naines, par exemple. Ces deux concepts sont remis en question car ils auraient entraîné une baisse de la qualité du breuvage du fait d'une introgression mal maîtrisée de gènes de *C. canephora* et d'une augmentation de la productivité par hectare incompatible avec le maintien de la qualité.

Pourtant, une stratégie similaire a été relancée. De nouvelles variétés pourraient être diffusées à partir de 2005. Il s'agit de variétés dites « hybrides », car issues du croisement entre les variétés traditionnelles et des arbres « sauvages » provenant d'Ethiopie ou du Soudan[2]. Ces variétés héritent d'une plus forte productivité, d'une excellente qualité à la tasse et de nombreux gènes de résistance. Le problème que rencontreront ces variétés hybrides proviendra du coût des semences (environ 150 à 200 euros le kilo de semences), ce qui en réduira la diffusion aux moyens et aux grands planteurs. En effet, pour une multiplication conforme et à grande échelle, il faudra recourir, soit à la pollinisation manuelle, soit à des techniques récentes de clonage (embryogenèse somatique).

En revanche, les Catimor se multiplient par graines à des coûts très faibles. Comme les variétés de blé par exemple, il est possible de reprendre des semences de la même variété et d'obtenir une descendance identique à la génération précédente (on parle dans ce cas de lignées fixées). Ces lignées peuvent encore être exploitées s'il est possible de démontrer que les gènes de résistance introgressés ne sont pas les responsables de la baisse de qualité à la tasse et s'il est possible de limiter l'introgression à ces seuls gènes de résistance (sélection assistée par marqueurs). Nous avons montré (Bertrand *et al.*, 2003) qu'un fort niveau d'introgression ne s'accompagne pas systématiquement d'une baisse de la qualité du breuvage. Des lignées de Catimor fortement introgressées et présentant de nombreuses résistances, sans baisse de qualité à la tasse, ont été identifiées sur les variétés T5296 ou T18140, par exemple. La figure 1, réalisée à partir de l'analyse des spectres en proche infrarouge de variétés de café du Costa Rica, montre que certaines lignées introgressées ne peuvent pas être distinguées des lignées non introgressées.

---

1. L'introgression consiste à intégrer un caractère ciblé d'une espèce ou d'une variété donneuse dans le patrimoine génétique d'une espèce ou d'une variété receveuse.
2. Le caféier Arabica est issu d'Afrique de l'Est.

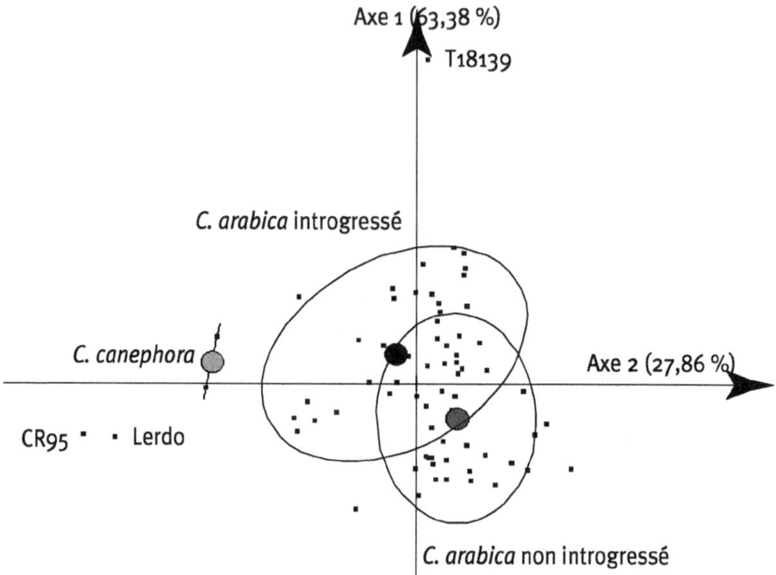

Figure 1. Analyse en composantes principales de plusieurs variètés de café du Costa Rica. Les cafés verts retenus ont été récoltés sur la station expérimentale de Cicafé en 2002. Les 71 échantillons correspondent à 69 variétés d'Arabica (32 cultivars non introgressés et 37 lignées introgressées, dérivées de l'Hybride de Timor) et 2 variétés de *C. canephora*. L'analyse en composantes principales a été réalisée sur la base des dérivées secondes des spectres sur le segment de 900 à 2 500 nanomètres. Les deux premières composantes principales expliquent 91,25 % de l'inertie initiale. Dans la zone de recouvrement des ellipses, il n'est pas possible de distinguer les lignées introgressées dérivées de l'Hybride de Timor des lignées non introgressées.

Dans tous les cas (variétés hybrides ou variétés lignées), un retour à des conditions d'ombrage qui limiteront le niveau de production est nécessaire pour assurer une bonne qualité.

Le rôle à court terme de la recherche publique et des torréfacteurs

La recherche doit œuvrer pour améliorer la transparence du marché, accroître la qualité et augmenter la rentabilité des exploitations, et cela au bénéfice du consommateur, du producteur et du torréfacteur. Différentes technologies ou avancées conceptuelles peuvent y contribuer.

Trouver des marqueurs objectifs de la qualité

La négociation de la qualité du café se fait actuellement sur l'aspect du café et parfois sur des analyses sensorielles. Des critères plus objectifs pourraient être recherchés et certains sont déjà connus. Les cafés d'altitude, en bon état physiologique avec un bon équilibre entre feuilles et fruits présentent plus de matière grasse. La matière grasse semble bien corrélée avec l'acidité du breuvage et la dureté du grain. Il s'agit d'une indication forte de qualité, facilement mesurable. Il existe certainement d'autres marqueurs de la qualité potentielle du café marchand. Il est important de les mettre en évidence.

Développer l'agroforesterie

Afin d'augmenter la qualité du café, ainsi que la durabilité écologique de la ferme caféicole, le recours à une caféiculture sous ombrage est indispensable, lorsque les conditions de températures et d'éclairement le permettent. Encore faut-il mettre en œuvre une agroforesterie rentable. De nouvelles associations avec des essences de bois précieux sont testées depuis une dizaine d'années. Il semble que certaines associations pourraient être recommandées à grande échelle. En se tournant vers l'agroforesterie, les producteurs devront adopter des variétés plus vigoureuses ou plus rémunératrices.

Exploiter les nouvelles technologies de traitement du café

Les nouvelles technologies de traitement par voie humide (dépulpeurs, démucilagineurs de petites tailles) sont très efficaces et peuvent être obtenues à des prix abordables. Ces technologies permettront, et permettent déjà, aux planteurs moyens et gros ou aux petits planteurs regroupés en coopérative de traiter eux-mêmes leur production. Ce qui a pour conséquence d'éviter les mélanges avec le café du voisin qui n'aurait pas les mêmes normes de qualité. En modifiant le *beneficio* du café, les producteurs peuvent envisager de se tourner vers les stratégies Maragogype ou conservatrice.

S'orienter vers la sélection participative

Dans le tableau 1 nous avons indiqué les travaux que les sélectionneurs doivent encore mener pour améliorer certaines variétés ou pour terminer la sélection. Il serait souhaitable de publier un catalogue de variétés qui serait mis à la disposition des producteurs et des torréfacteurs. Ce catalogue, qui décrirait le plus largement possible les variétés, devrait indiquer des domaines de recommandation. Par exemple, compte tenu de son manque de rusticité et du type de marché visé, il n'est pas recommandé de cultiver la variété Maragogype ou les variétés de type Laurina à basse altitude. Ce document servirait de lien entre les différents acteurs de la filière.

Pour la majeure partie des producteurs d'Amérique centrale et de la Caraïbe, la stratégie de la double révolution verte est la seule voie possible pour rester compétitif. Or l'introduction de nouvelles variétés n'est pas anodine, comme nous l'avons évoqué précédemment. Les torréfacteurs doivent être impliqués directement dans le processus de sélection au cours de son étape finale :
– parce qu'ils ne peuvent pas prendre le risque de voir se détériorer la qualité ;
– parce qu'ils ne peuvent pas imposer aux producteurs, des variétés peu rentables (Bourbon, Typica) ;
– parce qu'ils doivent prendre en compte la pression de l'opinion publique sur la durabilité des écosystèmes.

Avant qu'une diffusion massive ait lieu, les producteurs et les sélectionneurs doivent les solliciter pour qu'ils participent au processus de sélection. Cela peut prendre plusieurs formes. La plus raisonnable, dans un premier temps, est sans doute celle qui consiste à tester, suivant des protocoles scientifiques, des quantités significatives de café en conditions semi-industrielles en rendant public les résultats des tests, et cela de façon transparente et compréhensible pour les producteurs et les consommateurs.

Authentifier les variétés

Il est parfois observé que certains producteurs continuent à planter des variétés introgressées à l'insu des torréfacteurs. Il est en effet bien difficile d'authentifier des variétés sur leur seul aspect en café marchand. Les nouvelles technologies NIRS *(near infrared spectroscopy)* permettront d'authentifier avec une très forte probabilité les variétés produites.

La figure 2 représente des échantillons de trois variétés, prélevés sur un même essai, à trois dates différentes et trois stades de maturation (cerises jaunes, rouges et rouge-noir). La technique a permis d'authentifier les trois variétés. Le développement de l'outil NIRS ou de techniques équivalentes devrait permettre au torréfacteur comme au producteur de garantir le génotype de la variété.

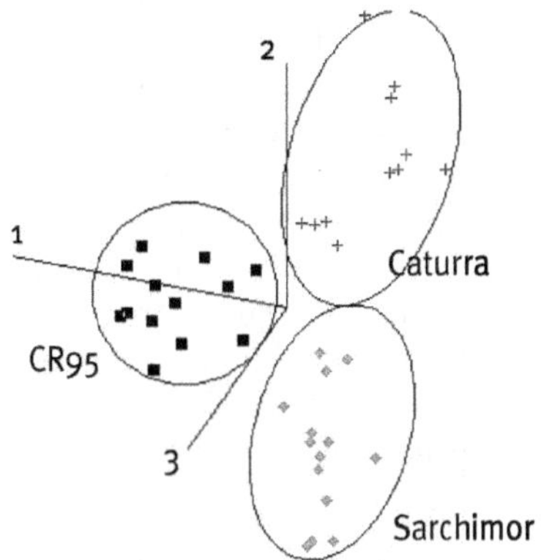

Figure 2. Authentification de trois variétés, CR95, Caturra et Sarchimor T16784, par spectroscopie par réflectance dans le proche infrarouge. Les collections de spectres ont été traitées par des analyses de régression PLS.

Faire reconnaître les droits de propriété intellectuelle

Les résultats de la recherche, et notamment ceux qui sont liés à l'obtention variétale, ne sont pas protégeables en Amérique centrale. La création variétale ne peut pas être une activité lucrative si les droits de l'obtenteur ne sont pas reconnus. Ce vide juridique empêche l'éclosion d'une recherche vraiment efficace, qui pourrait développer des innovations génétiques mieux adaptées aux producteurs et au marché. Par ailleurs, la reconnaissance des droits d'auteur est importante pour la filière dans son ensemble, ne serait-ce que pour empêcher la diffusion de variétés indésirables.

Conclusion

La culture du caféier est vitale pour l'Amérique centrale et la Caraïbe. Cependant, le morcellement des pays et la faiblesse des économies rendent difficile l'organisation d'une recherche agronomique performante. L'organisation en réseau est particulièrement bien adaptée lorsqu'il s'agit de répartir l'effort de la recherche en amélioration génétique. Depuis plus de vingt ans, le réseau PROMECAFE, (appuyé par le CIRAD dans ce domaine depuis douze ans) œuvre pour une meilleure connaissance des variétés traditionnelles et pour la création de nouvelles variétés, d'abord les Catimor puis les variétés hybrides, plus performantes en terme de résistance ou de productivité. Des variétés prometteuses ont été sélectionnées puis abandonnées, car les sélectionneurs et les producteurs n'avaient pas pris suffisamment en compte les exigences du marché. La mise au point de la variété CR95 a coûté plusieurs millions de dollars, autant d'argent perdu pour des pays déjà surendettés. Récemment, la tendance des torréfacteurs a consisté à décourager les initiatives en matière de progrès génétique en faisant valoir, non sans raison, que la réputation du café de la région s'appuyait sur les variétés traditionnelles. De leur côté, la société civile et les consommateurs font peser sur les producteurs de nouvelles normes de plus en plus contraignantes concernant la préservation de l'environnement et la qualité.

Face à l'ensemble de ces contraintes, le producteur cherche des solutions pour accroître la durabilité économique et écologique de son exploitation. Le choix de la variété est un élément important dans sa stratégie de production. L'adoption de nouvelles variétés plus productives et plus précoces peut modifier avantageusement les conditions de rentabilité et de durabilité de son exploitation. Le maintien ou l'adoption de l'agroforesterie peut être stimulé par un choix judicieux de variétés, ce qui est fondamental car l'agroforesterie est l'agrosystème qui protège le mieux la biodiversité et les sols tout en participant à la séquestration du carbone.

Le choix de la variété n'est pas neutre pour l'industrie de la torréfaction. Cependant, cette dernière doit prendre conscience qu'elle ne peut pas imposer aux producteurs des variétés traditionnelles peu productives. L'adoption de nouvelles variétés doit donc être le résultat d'un dialogue entre les organisations de producteurs et les torréfacteurs. Déjà, la possibilité de développer des OGM (organismes génétiquement modifiés) s'offre aux pays producteurs. S'engager dans des programmes génétiques lourds, qui déboucheraient sur des OGM demande des investissements importants. Quelle est la position du marché vis-à-vis du développement de telles variétés ? Les cafés produits à partir des OGM ont-ils leur place sur les marchés de cafés « doux » et « autres doux » ?

Le dialogue au sein de la filière doit s'établir et si possible être transparent. La recherche peut l'aider en développant des innovations techniques destinées à faciliter une meilleure authentification du café.

Remerciements

J.C. Selva et B. Cisneros (ICAFE, San José, Costa Rica), J.J. Perriot (CIRAD, Montpellier) et P. Vaast (CATIE/CIRAD, Turrialba, Costa Rica) ont collaboré à nombre d'études qui ont permis de rédiger cette synthèse. Nous les remercions tous ici.

Références bibliographiques

Anthony F., Combes M.C., Astorga C., Bertrand B., Graziosi G., Lashermes P., 2002. The origin of cultivated *Coffea arabica* L. varieties revealed by AFLP and SSR markers. Theoretical and Applied Genetics, 104 : 894-900.

Bertrand B., 2002. L'amélioration génétique de *Coffea arabica* en Amérique centrale par la voie hybride F1. Montpellier, France, ENSAM, 247 p.

Bertrand B., Guyot B., Anthony F., Lashermes P., 2003. Impact of *Coffea canephora* introgression genes on the Arabica coffee cup quality. Theoretical and Applied Genetics (à paraître).

Bertrand B., Rapidel B., 1999. Desafíos de la caficultura en Centroamérica. San José, Costa Rica, IICA, PROMECAFE, CIRAD, IRD, CCCR-Francia, 496 p.

Ponte S., 2001. The Latte Revolution? Winners and losers in the re-structuring of the global coffee marketing chain. Copenhague, Danemark, CDR, CDR Working Paper 01.3, 38 p.

Söndahl M.R., 2001. Coffee breeding assited by somaclonal variation: case of Bourbon LC variety. *In* : XIXe colloque scientifique international sur le café, 14-18/05/2001, Trieste, Italie. Paris, France, ASIC (cédérom).

Pourquoi pas des terroirs Robusta ?

Christophe Montagnon, Thierry Leroy,
Ronald Onzima, Magali Dufour

Les origines, terroirs et même grands crus font maintenant partie intégrante du marché de l'Arabica. Cette politique de commercialisation est fondée sur le principe que la différenciation sur le marché, parfois en relation avec la rareté, augmente les profits. Le marché du Robusta offre un contraste saisissant avec celui de l'Arabica : un produit non différencié, qui semble se résigner à une mauvaise réputation de qualité.

Les pays producteurs de Robusta, en particulier africains, refusent cette fatalité et envisagent à leur tour d'utiliser les origines en misant sur la spécificité et la différenciation. Le schéma sera-t-il le même que pour l'Arabica ? Peut-être pas : il faut tenir compte des spécificités du Robusta et analyser précisément les objectifs visés par une politique d'origines Robusta.

Dans ce chapitre, nous verrons d'abord que les terroirs Robusta existent au même titre que les terroirs Arabica. Nous chercherons ensuite à savoir pourquoi ce potentiel de terroirs Robusta n'a pas encore été exploité. Nous lancerons enfin les réflexions à mener pour assurer l'avenir des terroirs Robusta.

Les terroirs Robusta

Les connaissances empiriques

Le caféier *Coffea canephora* est cultivé depuis le début du XXe siècle. Sa culture a débuté de façon concomitante sur la façade atlantique de l'Afrique centrale, entre le nord du Gabon et l'Angola, d'une part, et en Ouganda, d'autre part (voir Montagnon, 2000, pour une revue détaillée).

Cette culture s'est ensuite étendue à l'Afrique de l'Ouest, en Guinée et en Côte d'Ivoire, à l'ensemble de l'Afrique centrale, à l'Asie, avec en particulier l'Indonésie, et enfin à l'Amérique latine, essentiellement au Brésil.

Deux types de café produit par *C. canephora* ont longtemps été considérés : le Kouillou et le Robusta. Aujourd'hui, la dénomination Robusta est retenue pour l'ensemble du café produit par *C. canephora*. Les différences qualitatives persistent néanmoins. Jusque dans les années 70, les acheteurs connaissaient et différenciaient des origines régionales précises : le Niaouli cultivé à l'époque au Dahomey (aujourd'hui Bénin) ; le Gamé cultivé en Guinée ; l'Amboim et l'Ambriz cultivés en Angola ; le Kouillou cultivé au Gabon ; le Conillon cultivé au Brésil ; l'Ebobo de l'est de la Côte d'Ivoire ou le Man de l'ouest de la Côte d'Ivoire... Certains acheteurs de café encore en activité se souviennent que dans les années 70 le café de l'Angola (Amboim et Ambriz) était très recherché. De même, le café de Guinée était très apprécié.

Dès les premiers travaux de recherche sur la culture de *C. canephora*, des différences variétales pour la qualité du café Robusta ont été notées (Cramer, 1957) sans que cela fasse l'objet d'une étude scientifique poussée. Par ailleurs, les effets de l'environnement sur la qualité du café ont été relevés, aussi bien sur *C. canephora* que sur *C. arabica* (voir Decazy, 1994, pour une revue).

La diversité naturelle de *C. canephora*

Le caféier *C. canephora* est caractérisé par une grande diversité génétique (Berthaud, 1986). Deux pools génétiques bien différenciés ont été identifiés : le pool congolais, qui regroupe les caféiers originaires d'Afrique centrale, et le pool guinéen, qui rassemble les caféiers d'Afrique de l'Ouest. De récentes études ont montré que le pool congolais était lui-même composé de différents groupes génétiques (Dussert *et al.*, 1999 ; Montagnon, 2000).

Le caféier *C. canephora* présente une diversité génétique bien supérieure à celle de *C. arabica* (voir le chapitre précédent). Par ailleurs, l'aire naturelle de répartition de *C. arabica* est confinée aux hauts plateaux éthiopiens alors que celle de *C. canephora* s'étend sur une grande partie de l'Afrique intertropicale : de la Guinée à l'ouest à l'Ouganda à l'est et du Cameroun au nord à l'Angola au sud.

Alors que l'effet des origines et des terroirs n'est pas discuté pour le caféier Arabica, il n'est pas surprenant de retrouver cet effet chez le caféier Robusta, dont la diversité génétique et géographique est plus importante.

Les différences entre variétés et terroirs Robusta

Au début des années 90, les équipes du CIRAD et du CNRA (Centre national de recherche agronomique) de Côte d'Ivoire ont travaillé ensemble afin de détecter d'éventuelles différences entre variétés et terroirs de Robusta.

Des différences globales ont été mises en évidence entre les grands pools génétiques de *C. canephora* (Leroy *et al.*, 1993 ; Moschetto *et al.*, 1996). En résumé, les caféiers du pool guinéens sont plus amers et moins acides, ils ont des grains plus petits avec plus de caféine mais ils ont plus de corps que les caféiers du pool congolais.

Des différences entre variétés de *C. canephora* pour la qualité du café produit ont été mises en évidence (Leroy *et al.*, 1992 ; Moschetto *et al.*, 1996). La supériorité reconnue du traitement par voie humide par rapport à la voie sèche a été retrouvée (Moschetto *et al.*, 1996). En Côte d'Ivoire, un effet du lieu de production a été également identifié grâce à un dispositif statistique approprié. Il est donc possible de parler de terroirs en Côte d'Ivoire (Moschetto *et al.*, 1996).

La notion de terroir absente du marché du Robusta

Des arguments objectifs et scientifiques montrent qu'il existe des origines ou des terroirs Robusta. Cependant, contrairement au marché de l'Arabica, le marché du Robusta ignore cette différenciation. Comment expliquer cette situation ?

Les explications botaniques

Il existe des différences biologiques avérées entre les deux espèces *C. canephora* et *C. arabica* (Charrier et Berthaud, 1985). Le café Robusta produit par *C. canephora* est plus amer, moins aromatique et plus riche en caféine que le café Arabica. Ainsi, quelle que soit la différenciation en origine du Robusta, un Arabica serait mieux apprécié par le consommateur. C'est une opinion répandue, qui ne reflète pas forcément les nuances qui sont de deux ordres : en dégustation, un Robusta haut de gamme bien préparé peut être préféré à un Arabica bas de gamme par des jurys reconnus (Perriot, comm. pers.) ; dans certains pays, comme ceux de l'Europe de l'Est, le Robusta est traditionnellement préféré à l'Arabica[1].

---

1. Il est vrai que dans ces pays, le marketing a peu de difficultés pour inverser la tendance.

Le mode de reproduction autogame de *C. arabica* permet de fixer rapidement des variétés, qui sont ensuite bien identifiées et répertoriées. Les
acheteurs d'Arabica savent ainsi que dans une région donnée, il trouvera
du Caturra, du Bourbon, du Typica…C'est un facteur favorable à la différenciation de l'origine. Au contraire, le mode de reproduction allogame de
C. canephora favorise la culture de populations génétiquement hétéro-
gènes difficiles à identifier et à répertorier.

Les explications historiques et structurelles

La recherche de la qualité et l'utilisation de l'origine sont souvent le fruit
d'une certaine compétition sur un marché donné. Cette compétition a été
faible sur le marché du Robusta.

Dans les années 70, l'Afrique fournissait environ 70 % du Robusta produit
dans le monde. Les 30 % restants étaient essentiellement produit par le
Brésil. La plupart des grands pays africains producteurs de Robusta étaient
d'anciennes colonies françaises. La France garantissait, avant et après les
indépendances, une grande partie des débouchés de la production, sans
que la qualité influence réellement le marché. A l'inverse, les pays producteurs d'Amérique latine se livraient une concurrence sur le marché de
l'Arabica, avec la qualité comme argument de prise de parts de marché.

Cause ou conséquence de cet aspect historique, l'organisation des filières
nationales a également joué un rôle. La centralisation extrême des « caisses
de stabilisation », en particulier en Afrique, a certainement eu pour conséquence d'annihiler toute forme de compétition à l'échelon national.
A quelques exceptions près, l'organisation plus libérale des filières de
l'Arabica laissait plus de place à une compétition interne pour la qualité.

Un cercle vicieux

Pour les raisons botaniques, historiques et structurelles citées plus haut, la
qualité n'a pas été un enjeu majeur pour la filière du Robusta. Mais cette
situation est amplifiée par un véritable cercle vicieux : la qualité du
Robusta n'est pas un enjeu ; peu d'attention est portée à la qualité du
Robusta ; la qualité du Robusta diminue ; la faible qualité du Robusta est
considérée comme une fatalité ; et donc la qualité du Robusta n'est pas un
enjeu, et ainsi de suite.

Le secteur de la production du café est en crise. La crise du Robusta est
spécifiquement marquée par la restructuration délicate des filières afri-
caines et la fulgurante montée en puissance de certains pays producteurs.
Briser ce cercle et s'intéresser objectivement à la qualité du Robusta
contribuera à sortir de cette crise.

L'avenir des terroirs
sur le marché du Robusta

Bien définir les objectifs

Pour bien comprendre l'intérêt des terroirs sur le marché du Robusta, il faut bien définir les objectifs et les résultats attendus. La qualité aromatique ne doit pas être considérée comme l'unique argument fondateur d'une origine. Certes, quelques Robusta pourront légitimement jouer la carte de la qualité à la tasse, mais il sera certainement pertinent de jouer sur les qualités réputées propres au Robusta. Ainsi, par exemple, un terroir produisant un café à fort potentiel extractible retiendra l'attention des transformateurs de café soluble. Le corps et l'amertume peuvent également être recherchés pour des utilisations données. Dans ce contexte, le terroir ou l'origine ne sera pas forcément, ou pas toujours, un attribut de qualité du Robusta affiché sur le paquet en vue d'attirer l'attention du consommateur. En revanche, il pourra introduire une segmentation du marché un peu plus en amont au niveau des torréfacteurs sans que cela soit perçu par le consommateur final.

L'origine peut être un indicateur garantissant un café produit selon des conditions connues et maîtrisées. Benoît Daviron a rappelé dans un chapitre de ce livre que « l'objectif d'une stratégie d'appellation contrôlée pour les terroirs de petits producteurs ne serait donc pas d'offrir au consommateur des cafés dotés d'un arôme spécifique (modèle du vin) mais de garantir aux opérateurs [...] une matière première dont les conditions de production seraient connues et maîtrisées ». En d'autres termes, il s'agirait de garantir un café Robusta dont les caractéristiques et les volumes seraient constants. Il nous semble que cette application de l'origine est particulièrement adaptée au marché du Robusta.

Bien définir et caractériser les terroirs

Une politique de terroirs sera d'autant plus efficace que ces terroirs auront été définis et caractérisés – définition du territoire et du café produit – avec rigueur. L'expérience aidant, les pays producteurs d'Arabica se sont engagés dans cette voie, même si une approche scientifique rigoureuse reste rare (Avelino *et al.*, 2001).

Pour le Robusta, l'OIAC (Organisation interafricaine du café), à travers son réseau de recherche (RECA), a innové en élaborant, en collaboration avec le CIRAD, un projet portant sur l'amélioration de la qualité du Robusta et de sa commercialisation en utilisant au mieux les terroirs caféiers *(Robusta quality and marketing improvement by optimal use of coffee terroirs)*. Ce projet bénéficiera à tous les pays producteurs de Robusta d'Afrique, mais aussi d'autres continents. La phase pilote du projet se déroulera en Côte d'Ivoire à partir de 2003. Le Fonds commun des produits de base est le bailleur de fonds principal. L'OIAC et le CNRA de Côte d'Ivoire sont cofinanceurs. Le projet a deux objectifs majeurs : mettre en relation les caractéristiques géographiques, climatiques et humaines d'un territoire avec les caractéristiques du café produit et définir ainsi les paramètres clés d'un terroir ; former les acteurs de la filière à la qualité, à sa définition et à son contrôle.

L'un des produits attendus de ce projet est l'édition d'un catalogue des Robusta de Côte d'Ivoire puis d'Afrique et d'ailleurs, qui permette aux producteurs de se situer et de connaître leur produit et aux acheteurs de cibler rapidement leur zone d'achat en fonction du type de café recherché.

Bien organiser les filières

Les terroirs Robusta existent et une volonté politique de les valoriser s'exprime. L'objectif visé est bien entendu d'améliorer les revenus des petits planteurs. Cet objectif ne peut être atteint que si les filières sont organisées en conséquence.

La réputation d'un terroir est un bien public. En effet, tous les producteurs de cette origine en bénéficient. Certains pourraient vouloir en profiter sans payer le prix de son maintien. Il faut absolument que la réputation soit maintenue, garantie par une organisation étatique ou coopérative de contrôle (voir Gilbert *et al.,* 2001 pour plus de détails).

L'organisation de la filière est donc fondamentale. Les modèles sont nombreux comme le rappelle Jean-Christian Tulet dans le chapitre de ce livre consacré à la Colombie. L'organisation en coopératives paraît un élément sinon décisif du moins favorable à l'émergence et au maintien de terroirs caféiers. La plupart des pays africains producteurs de Robusta sont en phase de réorganisation après la libéralisation de leur filière caféière. C'est donc le moment de garder à l'esprit la nécessité de l'information des planteurs sur la qualité, du contrôle de la qualité et de la valorisation de la qualité.

Conclusion

Les producteurs de Robusta souffrent de la mauvaise réputation de leur café et expriment souvent un complexe d'infériorité par rapport à l'Arabica. Les initiatives de différents pays et de l'OIAC pour une revalorisation de l'image du Robusta à travers une politique d'origine témoignent d'une inversion de la tendance. La naissance de l'Alliance mondiale des Robusta gourmet[2] en donne une autre illustration.

Cette politique de l'origine constitue un levier intéressant pour informer les producteurs de Robusta de l'importance de la qualité du café et leur faire prendre conscience du potentiel de leur propre production. Les producteurs de Robusta sont trop souvent comme des commerçants qui ne savent pas ce qu'ils ont dans leur magasin. En utilisant l'origine dans la commercialisation du Robusta, les négociations entre producteurs et acheteurs seront plus équitables.

La définition et la caractérisation des origines de Robusta ne seront pas forcément calquées sur celles des origines d'Arabica. En particulier, les caractéristiques spécifiques du Robusta (potentiel extractible, corps, amertume ou, au contraire, neutralité...) pourront être des arguments aussi attrayants pour les acheteurs que les caractéristiques purement aromatiques.

Autour de la notion d'origine pourra se développer pour le Robusta un marché modernisé propice à l'ensemble de la filière.

Références bibliographiques

Avelino J., Perriot J.J., Pineda C., Guyot B., Cilas C., 2001. Vers une identification des cafés-terrroirs au Honduras : caractérisation physique, phytotechnique et biologique des caféières honduriennes. *In :* XIXe colloque scientifique international sur le café, Trieste, Italie. Paris, France, ASIC.

Berthaud J., 1986. Les ressources génétiques pour l'amélioration des caféiers africains diploïdes : évaluation de la richesse génétique des populations sylvestres et de ses mécanismes organisateurs, conséquences pour l'application. Paris, France, ORSTOM, 379 p.

Charrier A., Berthaud J., 1985. Botanical classification of coffee. *In :* Coffee: botany, biochemistry and production of bean and beverage, Clifford N.M. et Wilson K.C. (éd.). Londres, Royaume-Uni, Croom Helm, p. 13-47.

Cramer P.J.S., 1957. A review of literature of coffee research in Indonesia. Turrialba Costa Rica, SIC Editorial Interamerican Institute of Agricultural Sciences, 262 p.

Decazy B., 1994- Effet des pratiques culturales et de la lutte phytosanitaire sur le milieu et sur le produit : précautions à prendre. *In :* Journée « Cafés et qualité », 17/10/1994. Montpellier, France, CIRAD, ASIC, p. 23-30.

Dussert D., Lashermes P., Anthony F., Montagnon C., Trouslot P., Combes M.C., Berthaud J., Noirot M., Hamon S., 1999. Le caféier, *Coffea canephora. In :*

---

2. Alliance mondiale des Robusta gourmet : http://www.wagro.org.

Diversité génétique des plantes tropicales cultivées, Hamon P. *et al.* (éd.). Montpellier, France, CIRAD, p. 175-194.

Gilbert C.L., Varangis P., Wengel J., 2001. Industry representational organisations and market reforms in selected coffee producing countries. *In :* The future of perennial crops: investment and sustainability in the humid tropics, Yamoussoukro, Côte d'Ivoire.

Leroy T., Montagnon C., Charrier A., Eskes A.B., 1993. Reciprocal recurrent selection applied to *Coffea canephora* Pierre. I. Characterization and evaluation of breeding populations and value of intergroup hybrids. Euphytica, 67 : 113-125.

Leroy T., Perriot J.J., Eskes A.B., Guyot B., Montagnon C., 1992. Qualités technologiques et organoleptiques de quelques clones de *Coffea canephora* en Côte d'Ivoire. *In :* XIVe colloque scientifique international sur le café, San Francisco, Etats-Unis. Paris, France, ASIC, p. 438-443.

Montagnon C., 2000. Optimisation des gains génétiques dans le schéma de sélection récurrente réciproque de *Coffea canephora* Pierre. Thèse de doctorat, Ecole nationale supérieure agronomique, Montpellier, France, 133 p.

Moschetto D., Montagnon C., Guyot B., Perriot J.J., Leroy T., Eskes A.B., 1996. Studies on the effect of genotype on cup quality of *Coffea canephora*. Tropical Science, 36 : 18-31.

Adresses des auteurs

François Bart, DYMSET, Maisons des Suds, université de Bordeaux III, 33607 Pessac Cedex, France

Benoît Bertrand, CIRAD, IICA-Promecafé, Ap 55, 2200 Coronado, San José, Costa Rica

Bernard Charlery de la Masselière, université de Toulouse-Le Mirail, 31058 Toulouse Cedex 09, France

Benoît Daviron, CIRAD, TA 179/B, 34398 Montpellier Cedex 5, France

Fabrice Davrieux, CIRAD, programme Café, TA 80/16, 34398 Montpellier Cedex 5, France

Frédéric Descroix, CIRAD, programme Café, Station Ligne Paradis, Pôle de protection des plantes, 7 chemin de l'IRAT, 97410 Saint-Pierre, Réunion

Denise Douzant-Rosenfeld, département de géographie, UFR des sciences sociales et administration, université de Paris X, 200 avenue de la République, 92001 Nanterre Cedex, France

Magali Dufour, CIRAD, programme Café, TA 80/02, 34398 Montpellier Cedex 5, France

Hervé Etienne, CIRAD, programme Café, TA 80/IRD, BP 5045, 34032 Montpellier Cedex 1, France

Pernette Grandjean, département de géographie, UFR des lettres et sciences humaines, université de Reims-Campagne-Ardennes, 57 rue Pierre Taittinger, 51096 Reims Cedex, France

Bernard Guyot, CIRAD, programme Café, TA 80/16, 34398 Montpellier Cedex 5, France

Thierry Leroy, CIRAD, programme Café, TA 80/02, 34398 Montpellier Cedex 5, France

Christophe Montagnon, CIRAD, programme Café, TA 80/PS3, 34398 Montpellier Cedex 5, France

Ronald Onzima, coordonnateur scientifique de réseau de recherche caféière en Afrique (RECA), Organisation interafricaine du café (OIAC), BP v 210, 01 Abidjan 01, Côte d'Ivoire

Jean-Jacques Perriot, CIRAD, programme Café, TA 80/16, 34398 Montpellier Cedex 5, France

Fabienne Ribeyre, CIRAD, programme Café, TA 80/16, 34398 Montpellier Cedex 5, France

Jean-Christian Tulet, université de Toulouse-Le Mirail, 31058 Toulouse Cedex 09, France

Laurien Uwizeyimana, université de Toulouse-Le Mirail, 31058 Toulouse Cedex 09, France

Edition et mise en pages
Service des éditions du CIRAD
Imprimé pour vous par Books on Demand (Allemagne)

9 782876 145368